올드패션 베이킹북

올드패션 베이킹북

—

2022년 10월 5일 1판 1쇄 발행
2023년 11월 15일 1판 6쇄 발행

—

지은이 이수정(올드패션 베이커리)
펴낸이 이상훈
펴낸곳 책밥
주소 03986 서울시 마포구 동교로23길 116 3층
전화 번호 02-582-6707
팩스 번호 02-335-6702
홈페이지 www.bookisbab.co.kr
등록 2007.1.31. 제313-2007-126호

—

기획·진행 정채영
디자인 디자인허브

ISBN 979-11-90641-82-1 (13590)
정가 28,000원

책밥은 (주)오렌지페이퍼의 출판 브랜드입니다.

OLD FASHIONED

올드패션 베이킹북

BAKING BOOK

이수정 지음

· 인기 홈베이킹 유튜버 올드패션 베이커리의 투박하고 이국적인 디저트 레시피 ·

책밥

21살 당시 유학생이었던 저는 호주인 할머니의 집에 머물렀어요. 저녁 식사 후 할머니께선 항상 손수 만드신 케이크 한 조각을 내어 주었습니다. 케이크를 한 입, 두 입 떠먹다 보면 '집에서 어떻게 케이크를 만들지?' 하는 궁금증이 생겼어요. 그렇게 홈베이킹에 대한 호기심은 점점 호감으로 발전했습니다.

당시 한국에는 지금처럼 예쁘고 다양한 디저트를 파는 곳이 드물었어요. 그나마 사람 발길 닿는 곳들은 주로 체인점이었지요. 맛있는 디저트를 많이 접해보지 못해서였을까요? 저 또한 디저트에 크게 관심이 없었습니다. 이런 제가 본격적으로 베이킹에 빠지게 된 건 호주에서의 아르바이트 경험 때문이었어요. 유학생 시절, 한 케이크 가게에서 아르바이트를 했습니다. 그곳에는 약 30가지의 다양한 케이크가 있었어요. 호주를 대표하는 당근케이크부터 레드벨벳, 티라미수, 무스케이크 그리고 다채로운 디자인의 초코케이크까지.

'세상에! 이렇게나 다양한 케이크가 있다고?'

알록달록 군침 도는 비주얼의 케이크를 보고만 있자니 지금 당장 사 먹지 않으면 안 될 것 같았습니다. 기교를 부리거나 세련된 디자인이 아닌, 무심하고 투박한 디자인인데도 한눈에 매료되어 눈을 뗄 수가 없었어요. 심지어 맛도 훌륭했습니다. 이때부터 저는 이국적인 디자인의 케이크에 빠지게 되었어요. 학업과 일을 병행해야 하는 게 여러모로 힘들었지만 케이크 가게에서 일할 때만큼은 전혀 힘들지 않았습니다. 케이크도 참 많이 먹었습니다. 일하면서 먹고 집에 와서 먹고 만들어 먹기도 하고. 말 그대로 틈만 나면 먹었습니다.

귀국 후에는 여러 현실적인 문제로 베이킹과는 전혀 다른 업종의 일을 택했습니다. 그럼에도 마음 한편에는 항상 나만의 디저트 카페를 꿈꾸었죠. 출퇴근을 반복하면서도 레시피 작업과 베이킹 연습은 게을리하지 않았습니다. 그러던 어느 날 마침내 돌고 돌아 꿈에 그리던 나만의 카페를 열게 되었어요. 그것도 연고지가 전혀 없는 천안, 사람들의 발길이 매우 뜸한 어느 골목에 말이죠.

남편 사업 때문에 천안에 오게 된 저는 모든 것이 두려웠습니다. 천안도 처음, 창업도 처음이었기 때문이었어요. 당시 제가 할 수 있었던 건 투자비를 줄이는 일뿐이었습니다. 그렇게 인적이 드물고 월세가 저렴한 곳에서 반 셀프 인테리어를 시작했어요. 두 달 동안 열심히 페인트칠을 하다 보니 나름 빈티지스러운 카페가 완성됐습니다. 그때를 생각하면 지금도 아찔합니다. 꿈 속에서도 사포질를 했거든요.

가게 오픈 이후 처음 두세 달은 그야말로 '폭망'이었습니다. 일단 길에 사람 자체가 다니질 않았어요. 홍보와 마케팅이 뭔 지도 몰랐습니다. 이대로 포기할 수 없었던 저는 날마다 카메라에 저만의 케이크를 담았습니다. 만드는 즉시 찍어 SNS에 올리고 또 올렸어요. 그렇게 약 3개월이 지난 시점, 드디어 단골 손님이 생겼습니다. 홀케이크 주문도 들어왔어요. 주문량은 점점 늘기 시작했습니다. 제 케이크가 궁금해 먼 곳에서 오신 분들도 계셨고, 동네 분들도 많이 방문해 주셨어요. 30평이었던 카페는 자주 만석이 됐습니다. 칭찬과 케이크 주문서는 늘 끊이지 않았죠. 그렇게 2년이란 시간이 흘렀습니다. 장사는 상상 이상으로 잘됐지만 제 건강은 순식간에 악화되었고 더 이상 가게를 운영하지 못할 지경에 이르렀습니다. 때마침 제 가게를 인수하고 싶다는 분이 계셔서 그 분께 넘겨 드리며 운영을 잠시 멈추게 되었어요.

이후 1년 동안 건강 회복을 위해 많이 노력했습니다. 그러나 케이크를 만들고 싶은 생각은 그림자처럼 늘 따라다녔죠. 어느 날 문득 '유튜브에 디저트 만드는 영상을 올려볼까?' 하는 호기심이 생겼어요. 오랜 기간 공부하며 기록해둔 저만의 노하우가 담긴 홈베이킹 레시피들을 공개하고자 했습니다. 가게에서 실제 판매했던 레시피를 선보이기도 했지만 전혀 아깝지 않았어요. 많은 분들이 좋아해 주시는 걸 보며 더 많은 것들을 느끼며 공부할 수 있었고, 제 자신도 성장할 수 있었으니까요. 유튜브 구독자는 점점 늘었고 레시피 후기를 올려 주시는 분들도 많아졌습니다.

'믿고 만드는 올드패션 레시피' 라는 타이틀이 부끄럽지 않게 지금도 틈만 나면 레시피 연구를 정말 많이 합니다. '누가 봐도 올드패션 스타일이네' 하는 단호함이 느껴졌으면 좋겠습니다. 간혹 '올드패션 레시피로 케이크를 만들어 가족들과 함께 나눠 먹었는데 온 가족이 행복해했다'라는 후기를 보면 그렇게 뿌듯할 수가 없어요. 그런 말과 마음들은 제가 계속 베이킹을 하게 하는 큰 원동력입니다.

책 속 레시피는 홈베이킹을 좋아하고 그 과정 속에서 즐거움과 행복을 찾는 이들을 위한 것입니다. 낯선 재료와 어려운 과정, 힘든 모양내기는 빼고 쿨하고 멋스러운 올드패션만의 노하우를 아낌없이 담았어요. 투박하고 이국적인 비주얼에 한국인이 좋아하는 당도와 맛의 밸런스를 생각했습니다.

많은 이들의 일상에 홈베이킹이 자리하는 그날을 조심스레 꿈꿔봅니다. 나 자신을 위해 기꺼이, 친절히 디저트를 만들며 나만의 시간을 갖고 사랑하는 이들과의 저녁 식사 후 내가 직접 만든 케이크를 후식으로 내놓는 일. 정말 멋지지 않나요? 모양이 조금 흐트러지면 어떻고 베이킹 초보면 또 어떤가요. 결과에 스트레스 받지 말고 과정을 즐기세요. 맛은 제가 책임지겠습니다.

2022년 9월
이수정 드림

CONTENTS

Part 1 / COOKIE 쿠키

Part 2 / SCONE 스콘

Part 3 / **FINANCIER & MADELEINE**
휘낭시에와 마들렌

Part 4 / **POUND CAKE & MUFFIN**
파운드케이크와 머핀

Part 5 / CAKE 케이크

Part 6 / **TART & PIE** 타르트와 파이

Basic Tools

기본 도구

● 작업대

대리석이나 스테인리스 작업대 사용을 추천하며 사용 전과 후에는 자주 소독하는 것이 좋다. 보편적으로 800~900mm 높이의 작업대를 많이 사용하지만, 본인 키에 맞춰 자체 제작하면 베이킹 작업이 좀 더 수월해진다. 홈베이커의 경우 원목테이블이나 아일랜드 테이블 등을 작업대로 사용하는 경우가 많은데, 타르트지나 스콘처럼 반죽이 바닥에 마찰되는 경우 작업대 위에 베이킹용 반죽매트를 깔고 작업하는 것을 추천한다.

● 오븐

베이킹을 할 때 가장 많이 사용하는 오븐은 컨벡션오븐과 데크오븐이다. 오븐마다 온도와 열에 차이가 있기 때문에 본인이 쓰는 오븐을 잘 이해하는 게 중요하다. 낯선 품목일수록 시행착오를 통해 굽기 적절한 온도를 찾아야 한다. 비록 레시피에서 제시한 온도가 170℃ 일지라도 실제 본인이 쓰는 오븐에서는 180℃로 구워야 할 수도 있다. 오븐 예열은 반죽을 굽기 최소 15분 전에 하는 게 좋다.

컨벡션오븐　오븐 속 팬이 내부 열을 순환시키며 굽는 방식이며 다른 오븐에 비해 열 세기가 강한 편이다. 책에서 사용한 오븐도 컨벡션오븐이다. 내용물이 고르게 익는 편이지만 바람세기가 강해 겉이 마르는 경우가 있고 크랙이 잘 생긴다.

데크오븐　주로 업장에서 사용하는 오븐이다. 위 아래 온도 조절이 가능하고 많은 양의 품목을 한번에 구울 수 있다.

광파오븐　컨벡션오븐에 원적외선 히터가 추가로 설치된 오븐이다. 열선이 위쪽에만 있다면 윗부분만 익고 아래쪽은 덜 익는 경우가 있기에 오븐 중에서도 온도와 시간 조절이 어려운 편이다.

• 믹서

스탠드믹서 품목을 다량으로 만들 때 유용하며 사용 시 손목에 힘이 들어가지 않아 편리하다. 재료를 넣고 섞거나 반죽할 때는 비터를 꽂아 사용하며, 생크림을 휘핑하거나 머랭을 만들 때는 휘퍼를 장착해 사용한다.

핸드믹서 가정용 믹서로 홈베이커들이 가장 선호한다. 가격이 저렴하며 소량의 품목을 만들 때 사용하기 편리하다. 브랜드마다 무게와 강도에 차이가 있어 제품 구매 시 본인의 체력과 컨디션에 잘 맞는 제품을 선택하는 것이 좋다.

손거품기 위에서 소개한 두 믹서 대신 사용할 수 있는 도구다. 손거품기로도 베이킹의 모든 공정이 가능하지만 생크림 휘핑이나 버터의 크림화 같이 많은 힘을 필요로 하는 경우엔 기계 믹서 사용을 권장한다.

• 전자저울

베이킹에서는 정확한 계량이 중요하므로 저울은 필수적으로 구비해 두는 것이 좋다. 오븐 다음으로 중요한 도구다.

• 온도계

재료의 온도를 체크할 때 편리하다. 이 책에서는 적외선 온도계를 사용한다.

• 볼

가볍고 튼튼한 스테인리스 볼을 사용하는 것이 좋다. 이 책에서는 사진상으로 재료가 잘 보이도록 유리볼을 사용했다. 스콘을 만들 때는 양옆이 넓은 볼을 써야 편리하고 크림을 휘핑할 때는 좁고 깊은 볼이 편리하다.

• 실리콘주걱

재료를 섞거나 볼 벽면을 정리할 때 사용한다. 세척이 용이하며 단단한 제품을 추천한다.

• 나무주걱

단단한 재료나 뭉친 반죽을 풀 때 사용하며 팬이나 냄비에 소스 등을 끓일 때도 쓰인다.

• 스패츌러

크림을 균일하게 바르거나 깔끔하게 정리할 때 쓰이며 주로 생크림 아이싱에 사용한다. 모양은 일자형과 L자형이 있다.

- **스크래퍼**

주로 스콘이나 타르트지를 만들 때 반죽을 균일하게 펴거나 버터를 다지는 경우에 사용한다. 2개 정도 구비해 놓으면 작업에 편리하다.

- **푸드프로세서 / 블랜더 / 핸드블랜더**

재료를 갈거나 분쇄할 때 사용한다. 스콘 반죽이나 파이지를 만들 때 푸드프로세서를 이용하면 편리하다. 핸드블랜더는 주로 유화작업 시 사용된다.

- **체**

가루 재료를 체 칠 때 사용한다. 뭉친 가루를 풀어주며 불순물을 제거해 주는 효과가 있다. 이 책에서 등장하는 모든 가루 재료는 사용 전 체 쳐 두는 것이 좋다. 간혹 아몬드가루, 피스타치오가루, 코코넛가루처럼 입자가 굵은 가루류나 그 외 타르트지나 파이지를 만들 때 쓰이는 가루류는 체 치지 않아도 괜찮다.

- **식힘망**

오븐에서 구워져 나온 제품을 식힐 때 사용한다.

- **유산지 / 종이포일 / 테프론시트**

팬에 스콘이나 쿠키 반죽 등을 구울 때 반죽이 팬에 달라붙지 않도록 한다. 사용 시 팬사이즈에 맞게 잘라 사용한다. 테프론시트의 경우 반영구적으로 사용할 수 있어 편리하며, 특히 치즈케이크류를 구울 때 틀에 테프론시트를 재단하여 부착하면 겉면을 더욱 깔끔하게 구울 수 있다.

- **붓**

가격이 저렴한 것보다는 솔이 잘 빠지지 않는 베이킹 전용 붓을 선택하는 것이 좋다. 이책에서는 주로 반죽에 달걀물을 바를 때 사용한다.

- **밀대**

반죽을 밀어 펼 때 쓰는 도구다. 주로 타르트지나 파이크러스트를 만들 때 사용한다.

- **모양깍지**

주로 짤주머니에 끼워 사용하며 크림으로 모양을 낼 때 쓰인다.

- **짤주머니**

반죽을 옮겨 담을 때 사용한다. 일회용이나 반영구적으로 사용할 수 있는 다양한 사이즈의 짤주머니를 구비해 놓으면 작업에 편리하다.

- **스테인리스냄비**

주로 소스를 끓이거나 잼을 만들 때 사용된다. 동냄비를 사용하는 것이 가장 좋지만 비싼 가격으로 인해 부담스러울 수 있으니 스테인리스냄비부터 사용해 보는 걸 추천한다.

- **아이스크림스쿱**

팬에 쿠키 반죽 혹은 머핀 반죽을 팬닝하거나 프로스팅크림 등을 깔끔하게 장식할 때 사용한다.

- **제스터 / 스퀴저**

레몬이나 라임 등의 과일 껍질을 갈거나 즙을 내는 경우 사용한다.

- **실리콘베이킹매트**

쿠키나 스콘을 구울 때 종이포일이나 유산지 대신 사용하는 매트다. 세척하여 반영구적으로 사용할 수 있고 바람이 강한 오븐 안에서 휘날리지 않아 편리하다.

- **실리콘반죽매트**

빵을 만들거나 타르트지 혹은 스콘 반죽을 만들 때 주로 사용한다. 실리콘반죽매트를 깔고 그 위에 덧가루를 뿌려 작업하면 반죽을 더욱 깔끔하게 다룰 수 있다. 작업장의 경우 주로 스테인리스나 대리석 테이블 위에 반죽을 놓고 작업하여 반죽이 바로 테이블에 닿아도 괜찮지만, 가정에선 원목테이블을 사용하는 경우가 많아 반죽매트를 깔고 작업하는 것이 좋다.

- **돌림판**

생크림 아이싱 작업 시 제누와즈를 돌림판 위에 올려놓고 작업하면 크림을 더욱 안정적이고 균일하게 바를 수 있다.

- **각종 틀**

꼭 정해진 틀에 구워야 하는 것은 아니며 반죽량에 따라 다양한 틀을 사용해도 괜찮다. 오래되어 코팅이 벗겨진 틀은 되도록 쓰지 않도록 한다.

Basic Ingredients

기본 재료

● 밀가루

강력분 글루텐이 13% 이상 함유돼 있어 주로 식빵이나 바게트 등의 제빵용으로 사용된다. 글루텐 함량이 높아 반죽이 쫄깃하고 탄력 있다. 이 책에서는 제과만을 다루기에 강력분은 사용하지 않는다.

중력분 글루텐이 10~13% 함유된 다목적용 밀가루로 일반 가정에선 요리용으로 많이 쓰이며 제빵, 제과 두 품목에 많이 사용된다. 제과에서는 주로 파운드케이크류와 파이지를 만들 때 사용한다.

박력분 글루텐 함유량이 10% 미만인 단백질 함량이 가장 낮은 밀가루다. 제과용 밀가루로 적합해 주로 바삭한 식감의 쿠키나 타르트지 혹은 부드러운 제누와즈 등을 만들 때 사용한다. 이 책에서는 주로 박력분을 쓴다.

통밀가루 속껍질이 남아있는 상태로 분쇄하여 식이섬유가 풍부하다. 거친 느낌과 구수한 향이 나며 껍질이 포함돼 있어 색이 진하다. 통밀 특유의 풍미 있는 디저트를 만들 때 소량 첨가한다.

● 버터

베이킹 시 가장 많이 사용되는 재료 중 하나로, 품질이 좋은 천연버터를 사용하는 게 좋다. 마가린이나 쇼트닝 같은 가공버터는 건강에도 좋지 않고 풍미도 적어 추천하지 않는다. 발효 풍미를 좋아한다면 발효버터 사용을 추천한다. 제과에서는 대개 무염버터를 사용하지만 부득이하게 가염버터를 사용할 경우 레시피의 소금 양을 조절해야 한다. 이 책에서는 무염버터만을 사용한다.

● 달걀

달걀은 제품의 구조를 잡아주고 특유의 부드러운 질감을 만든다. 흰자는 반죽의 부피를 늘리며 노른자는 반죽을 부드럽게 한다. 이 책에서는 품목에 따라 흰자만 사용하기도 하고 노른자만 사용하기도 한다.

● 당류

당은 제과에서 가장 중요한 재료 중 하나다. 단맛을 낼 뿐만 아니라 수분감을 높여 완성품을 촉촉하게 하고 보존제 역할을 하기도 한다. 또한 설탕은 일정 온도가 되면 캐러멜화되어 멋스러운 구움색을 만든다. 설탕 함유량이 높을수록 유통기한이 긴 편이다.

백설탕 무색, 무취의 정제 설탕으로 제과에서 가장 많이 쓰이는 설탕이다. 깔끔한 단맛으로 호불호가 적다.

황설탕 백설탕에 열을 가한 설탕으로 특유의 향이 있지만 강하지 않아 백설탕만큼 자주 사용된다. 색이 있어 생크림과 같은 하얀 결과물을 만들 때는 잘 사용하지 않는다.

흑설탕 황설탕에 당밀을 첨가해 만든 설탕이다. 캐러멜이 첨가돼 향이 진한 것이 특징이다. 피칸파이, 수정과 등 캐러멜의 풍미가 필요한 특정 품목에 사용한다.

머스코바도(라이트) 천연 당밀이 첨가된 비정제설탕으로 특유의 풍미가 있다. 진한 캐러멜 풍미를 얻고 싶을 때 사용하며 각종 미네랄과 무기질이 풍부하다.

슈거파우더 백설탕을 곱게 갈아 만든 가루 설탕이다. 바삭한 쿠키나 마카롱을 만들 때 설탕 대신 사용하기도 한다. 슈거파우더에 전분가루를 소량 섞어 케이크 장식용으로 사용하기도 한다.

꿀 특유의 향 때문에 반죽에 소량 첨가해 사용한다. 단맛을 낼 뿐만 아니라 완성품의 식감을 촉촉하게 한다. 종종 물엿으로 대체해 쓰이기도 하지만 물엿은 풍미가 덜하다.

● 초콜릿

제과에서 가장 많이 사용하는 부재료 중 하나다. 카카오와 버터 함량에 따라 종류가 다양하기 때문에 적합한 초콜릿을 선택해 단맛을 조절해야 한다. 저렴한 제품보다는 품질이 우수한 초콜릿을 사용해야 결과물의 풍미도 고급스럽다.

커버춰초콜릿 카카오버터 함유량이 30% 이상인 고급 초콜릿으로 제과에서 많이 쓰인다. 주로 전자레인지에 녹이거나 따뜻한 물에 중탕하여 사용한다. 전자레인지 사용 시에는 처음 짧게 돌려 상태를 확인한 뒤 10초씩 끊어 돌린다. 중탕 시에는 한 번에 너무 많은 열을 가하기보다는 온도를 봐가며 상태를 자주 체크하고, 재료가 든 볼에 물이 들어가지 않도록 주의한다.

다크초콜릿 카카오매스 함량이 50% 이상인 초콜릿으로 비교적 쌉쌀한 맛을 낸다. 이 책에서는 카카오 함량 66~70% 사이의 다크커버춰초콜릿을 사용한다.

밀크초콜릿 카카오매스 함량이 10~25%인 초콜릿으로 우유가 첨가돼 부드럽고 달콤하다.

화이트초콜릿 카카오버터가 20~30% 함유된, 단맛이 가장 강한 초콜릿이다. 우유 향이 풍부하며 제과에서 다양한 재료와 함께 사용된다.

● 생크림

생크림은 크게 동물성 크림과 식물성 크림으로 나뉜다. 팜유나 인공 경화유 같은 첨가물이 들어간 식물성 크림보다는 우유로 만든 동물성 크림을 추천한다. 동물성 크림은 식물성 크림에 비해 고소하고 부드럽다. 이 책에서 사용된 생크림 역시 모두 무가당 동물성 제품이다. 한편 케이크 아이싱에 사용되는 생크림을 휘핑할 때에는 필요에 따라 설탕을 첨가해 단맛을 조절한다.

● 아몬드가루

아몬드를 곱게 갈아 만든 가루다. 주로 마카롱을 만들 때 쓰이며 파운드케이크나 머핀 반죽에 소량 첨가하면 풍미가 좋아져 부드러운 식감이 된다.

● 사워크림

생크림에 유산균을 더해 발효시킨 크림으로 특유의 상큼한 맛을 낸다. 치즈케이크류나 파운드케이크류에 소량 첨가해 촉촉함과 산미를 더하기도 한다.

● 크림치즈

크림과 우유를 섞어 만든 치즈의 한 종류로 신맛과 짠맛, 고소한 맛이 난다. 수분 함량이 높아 치즈케이크를 만들 때 주로 사용한다.

● 우유

반죽 농도를 맞추거나 부드러운 식감을 만들고자 할 때 반죽에 소량 첨가한다. 노른자와 섞어 타르트지나 스콘 반죽 윗면에 얇게 바르면 구움색이 잘 나온다.

● **견과류**

베이킹에서는 피칸, 호두, 헤이즐넛, 마카다미아 등 다양한 견과류가 사용된다. 오래된 견과류는 떫은맛이 나고 향이 좋지 않기 때문에 신선한 제품을 사용하는 게 좋다. 이 책에서 사용하는 견과류의 경우 고소한 풍미를 더하기 위해 미리 구워 사용한다.

● **향신료**

완성품의 풍미를 끌어올리는 향신료와 술이 있다. 적당히 활용하면 고급스럽고 풍부한 맛 표현이 가능하다.

바닐라　베이킹에서 가장 많이 사용되는 향신료는 단연 바닐라다. 달걀 특유의 비린 맛을 잡아 주며 깊은 풍미를 낸다. 바닐라빈 씨를 긁어 사용하면 좋겠지만 비싼 가격으로 부담스러울 수 있다. 이를 대체할 수 있는 것이 바닐라빈페이스트와 바닐라익스트랙이다. 진하고 고급스러운 바닐라의 풍미를 원하는 경우 바닐라빈페이스트 사용을 권장한다. 시중에 판매되는 바닐라파우더와 바닐라오일은 인공적인 향이 강하기 때문에 추천하지 않는다.

시나몬가루와 넛맥가루　특유의 향으로 호불호가 있지만 적절히 사용하면 이국적이고 풍미 깊은 맛을 낼 수 있다. 당근케이크나 애플파이, 펌킨파이와 같은 서양식 디저트를 만들 때 자주 쓰인다.

● **술**

베이킹에서는 완성품의 풍미를 끌어올리기 위해 종종 럼, 위스키, 체리술 등 다양한 술이 사용된다. 럼은 크게 다크럼, 골드럼, 화이트럼으로 분류되며 대표적으로 골드럼과 체리술 같은 과일리큐르를 한두 가지 정도 구비해 두면 다양한 레시피에 활용할 수 있다.

Basic Terms

기본 용어

● 팬닝

완성된 반죽을 틀에 채우거나 팬에 나열하는 작업이다. 틀에 따라 팬닝 양이 달라지므로 사용하는 틀에 맞게 팬닝하도록 한다. 양 조절이 원활하지 못하면 반죽이 넘치거나 예쁘게 부풀지 않고 식감 또한 달라진다. 틀 사이즈에 따라 굽는 시간과 온도 역시 달라질 수 있기 때문에 사전에 미리 체크하도록 한다. 머핀 틀의 경우 브랜드마다 사이즈가 각각 다르다. 따라서 이 책에서 제시한 레시피대로 구웠을 때 개수가 달라질 수 있다. 만일 개수가 적게 나온다면 팬닝 양이 많다는 것을 의미하므로 굽는 시간을 2~3분 정도 더 늘려야 한다.

● 오븐 예열

반죽을 굽기 전 오븐 온도를 높이는 작업이다. 오븐마다 컨디션이 다르기 때문에 10~30℃ 범위 내에서 굽는 온도보다 높게 예열한다. 가정에서 주로 쓰이는 컨벡션오븐, 광파오븐, 가정용 데크오븐 등의 경우 반죽을 굽기 15분 전 예열하면 충분하지만 오래된 오븐이나 빌트인 오븐의 경우 예열 시간이 좀 더 길어질 수 있다.

● 믹싱

이 책에서 의미하는 믹싱은 반죽을 섞는 과정을 말한다. 재료가 서로 잘 섞이도록 섞는 것을 의미하며 주로 핸드믹서나 주걱, 손거품기를 사용해 섞는다.

● 휘핑

샌딩크림이나 아이싱크림을 만들 때 생크림에 설탕을 넣고 크림의 부피를 증가시키는 과정이다. 또한 머랭 제조 시 흰자에 설탕을 넣고 단단한 거품을 만드는 과정이나 제누와즈를 만들 때 달걀과 설탕을 섞어 부피를 크게 만드는 과정을 말한다. 휘핑 시 주로 손거품기나 핸드믹서를 사용해 작업한다.

● 공기포집

재료 사이에 공기를 주입시켜 반죽의 부피를 늘리는 작업이다. 흰자 머랭을 만들 때 핸드믹서나 스탠드믹서를 사용하여 공기를 포집해 빠르게 섞으면 반죽 부피가 커진다.

● 머랭

흰자에 설탕을 첨가해 휘핑하며 단단한 거품을 만드는 과정이다. 머랭 제조 시 반드시 차가운 흰자를 사용해야 하는 것은 아니다. 실온 흰자를 사용해 머랭을 제조해도 문제 없으며 오히려 더 쫀쫀한 질감이 완성된다. 이 책에서 등장하는 머랭도 전부 실온 흰자를 사용해 만든다. 또한 이 책에서는 흰자에 설탕을 조금씩 첨가하여 만드는 프렌치머랭이 주로 언급되지만, 버터크림을 만드는 과정에서는 종종 스위스머랭도 언급된다. 스위스머랭은 흰자와 설탕을 중탕한 뒤 휘핑하는 방식이다. 머랭은 만든 즉시 사용해야 하며 시간이 지날수록 부피가 줄어들기 때문에 미리 만들어 두지 않는다.

● 휴지

랩이나 비닐에 반죽을 밀봉한 뒤 냉장 보관하여 반죽을

안정시키는 작업이다. 주로 스콘 반죽이나 타르트지, 파이크러스트를 만들 때 진행한다. 녹은 버터를 차갑게 굳혀 이후 작업이 수월하게끔 하는 과정으로, 오븐에서 반죽이 심하게 수축되는 것을 막아 한층 더 바삭한 식감이 된다. 마들렌이나 휘낭시에 반죽에도 휴지 과정이 있다. 이 과정에서 가루류에 버터와 달걀의 수분이 재분배되고, 반죽에 수분이 고루 퍼져 식감이 한층 더 좋아진다.

● 볼 정리

재료를 넣고 섞는 과정에서 볼 옆면과 벽면에 붙은 가루나 뭉친 재료를 주걱으로 긁어 함께 섞는 과정을 말한다. 반죽을 섞을 때 볼을 수시로 정리하는 것은 매우 중요하다. 특히 파운드케이크나 머핀류를 만들 때 자주 등장하는 크림화 과정(버터에 설탕을 넣고 휘핑하는 것)에서는 주걱으로 볼 벽면을 수시로 정리해야 한다.

● 중탕

뜨거운 물이나 끓는 물에 재료가 담긴 볼을 넣고 재료의 온도를 올리는 작업이다. 중탕 시 재료가 담긴 볼에 물이 들어가지 않도록 하며, 온도계로 수시로 온도를 체크하여 재료가 과하게 익지 않도록 주의한다. 주로 초콜릿을 녹이거나 달걀 온도를 높이고자 할 때 진행하며 깊은 볼을 사용하는 게 좋다.

● 덧가루

타르트지나 파이크러스트를 만들 때 반죽의 위아래, 작업대 주변에 뿌리는 가루를 말한다. 박력분 반죽의 덧가루는 중력분이나 강력분을 사용하고, 중력분 반죽의 덧가루는 강력분을 사용한다. 덧가루를 뿌리게 되면 작업대 바닥이나 밀대에 반죽이 들러붙지 않아 작업이 수월해진다.

● 피케작업

타르트지나 파이크러스트를 굽기 전 포크와 같은 뾰족한 도구를 사용해 바닥에 구멍을 내는 작업이다. 타공타르트틀을 제외한 틀의 경우 반죽에 공기가 통하도록 바닥에 구멍을 내줘야 굽는 과정에서 심하게 부풀지 않는다.

● 프라제작업

타르트지를 만들 때 완성된 반죽을 작업대에 놓고 스크래퍼나 손으로 균일하게 밀고 펴는 작업이다. 이 과정에서 기포가 제거되고 반죽이 매끄러워진다. 주로 파트슈크레 반죽을 만들 때 진행하며, 굽는 과정에서 타르트지가 심하게 부푸는 것을 방지한다. 바삭하고 균일한 식감 형성에 도움을 준다.

● 슈미제작업

틀에 버터+밀가루 칠을 하거나 이형제를 바르는 작업을 말한다. 슈미제작업한 틀에 막이 형성돼 오븐에서 구워진 결과물이 틀에 들러붙지 않고 잘 떨어진다. 주로 유산지나 종이포일 부착이 어려운 마들렌이나 휘낭시에틀에 진행하며, 파운드틀 사용 시에는 유산지나 종이포일을 부착해도 좋고 슈미제작업을 해도 괜찮다.

● 밀봉

반죽을 휴지시키는 과정에서 랩이나 비닐로 반죽을 감싸는 것을 뜻하며, 완성된 케이크나 과자를 충분히 식힌 후 공기가 잘 통하지 않는 곳에 보관하는 것을 뜻한다. 크루아상 같은 페이스트리류나 당일 판매하는 구움과자를 제외한 많은 디저트는 만든 이후 밀봉하여 겉이 마르지 않게 해야 한다. 특히 파운드케이크, 머핀류를 밀봉 보관하면 속이 더욱 촉촉해진다. 또한 생크림 케이크류 같은 경우에도 통에 담아 보관하여 크림이 건조해지지 않도록 하는 것이 좋다.

Before Baking

작업 전 체크리스트

⊘ 책 속 레시피에 표기된 오븐 온도는 '스메그 아날로그 ALFA43K' 제품 기
준이며 사용하는 오븐에 따라 굽는 온도와 시간은 다를 수 있습니다.

⊘ 모든 재료는 전자저울을 이용해 정확히 계량하여 준비합니다. 반죽 도중
놓치는 재료가 있을 수 있으니 베이킹 시작 전 재료를 꼼꼼히 확인합니다.

⊘ 모든 가루 재료는 사용 전 미리 체 쳐 준비합니다. 아몬드가루, 피스타치
오가루, 코코넛가루와 같이 입자가 큰 가루는 무리하여 체 치지 않아도 괜
찮습니다.

⊘ 모든 도구는 물기를 제거해 준비합니다. 볼과 주걱, 핸드믹서 등 필요한
도구를 미리 준비하여 반죽 과정에서 시간이 지체되지 않도록 합니다.

⊘ 재료의 온도를 확인합니다. 찬기 없이 사용해야 하는 재료의 경우 작업 전
미리 실온에 꺼내 두고, 차게 사용해야 하는 재료는 미리 계량해 냉장 보관
해 둡니다.

⊘ 위생을 점검합니다. 액세서리와 머리카락 등이 반죽에 들어가지 않도록
주의하고 작업 전 손을 깨끗이 씻습니다.

⊘ 책에 표기된 '한 꼬집' 계량법의 경우 0.5g 기준입니다.

Part 1

COOKIE

—

쿠키

Galette Bretonne

갈레트 브루통

좋아하는 구움과자 중 하나인 갈레트 브루통은 풍부한 버터향과 바삭한 식감이 돋보이는 프랑스 브르타뉴 지방의 전통 과자입니다. 럼과 바닐라가 첨가돼 풍미가 고급스러워 선물용으로도 추천해요. 발효버터를 사용하면 한층 더 고소하고 깊은 맛을 느낄 수 있습니다.

Ingredients ——————

금박틀(6cm) 13~14개 분량

쿠키반죽
무염버터 180g
노른자 35g
박력분 160g
아몬드가루 30g
베이킹파우더 2g
슈거파우더 100g
소금 2g
골드럼 13g
바닐라빈페이스트 3g
(혹은 바닐라빈 1/2개)

토핑
노른자 1개 + 우유 10g
플뢰르드셀(소금) 약간

Check List ——————

∘ 버터와 노른자는 실온에 꺼내 두어 찬기 없이 사용합니다.
∘ 박력분, 아몬드가루, 베이킹파우더는 함께 계량해 미리 체 쳐 준비합니다.
∘ 슈거파우더와 소금은 함께 계량합니다.
∘ 오븐은 반죽을 굽기 15분 전 160℃로 예열합니다.
∘ 갈레트 브루통 전용 금박틀(6cm)과 쿠키커터(5.5~5cm)를 준비합니다.
∘ 붓, 포크, 유산지, 각봉, 밀대를 준비합니다.

쿠키반죽

1 작은 볼에 노른자, 골드럼, 바닐라페이스트를 넣고 섞는다.

2 다른 볼에 무염버터, 슈거파우더, 소금을 넣고 주걱이나 손거품기를 사용하여 섞는다.
Tip 재료가 서로 잘 섞일 정도로만 섞어주세요.

3 2에 1을 넣고 섞는다.

4 체 친 박력분, 아몬드가루, 베이킹파우더를 넣고 섞는다.
Tip 11자로 가르듯 가루류가 안 보일 때까지 섞어주세요.

5 반죽이 한 덩어리가 되면 작업을 멈춘다.

6 종이포일이나 비닐에 반죽을 넣고 30분간 냉장 보관한다.
Tip 쿠키 반죽은 최대 24시간까지 냉장 보관 가능합니다.

마무리

1   냉장고에서 꺼낸 반죽은 두께 1cm로 밀어 편다. 이후 30분간 냉장 보관하여 반죽을 단단하게 한다.

2   쿠키커터로 반죽을 찍어 모양을 낸 후 금박틀로 옮긴다.

3   붓으로 노른자+우유를 섞어 반죽 위에 바른 뒤 포크로 긁어 십자무늬를 낸다.

4   160℃로 예열한 오븐에서 20분간 구운 뒤 금박틀을 제거한 후 윗면에 토핑용 소금을 뿌려 5분간 더 굽는다. 이후 식힘망에서 충분히 식힌다.

　　Tip 컨벡션오븐 기준입니다. 구움색을 확인하세요. 굽는 양과 팬닝 크기에 따라 굽는 시간이 달라질 수 있습니다.

보관방법 및 주의사항

• 갈레트 브루통은 충분히 식었을 때 바삭한 과자입니다. 식힘망에서 반드시 30분 이상 식히세요.

• 밀봉하여 최대 5일까지 실온 보관 가능하며, 냉동 보관 시 최대 3주까지 보관 가능합니다.

Coconut
Cookie

코코넛 쿠키

코코넛 풍미가 과하지 않아 은은한 단맛이 기분 좋게 올라오는 고급스러운 쿠키예요. 코코넛의 이국적인 맛을 좋아한다면 한번 구워보세요. 공정이 간단해 누구나 쉽게 만들 수 있습니다.

Ingredients

9개 분량

쿠키반죽
무염버터 120g
달걀 50g
박력분 120g
옥수수전분 10g
베이킹소다 2g
베이킹파우더 1g
코코넛가루(분말) 40g
백설탕 100g
소금 2g
바닐라익스트랙 4g

토핑
백설탕 10g

Check List

- 버터와 달걀은 실온에 꺼내 두어 찬기 없이 사용합니다.
- 박력분, 옥수수전분, 베이킹소다, 베이킹파우더는 함께 계량해 미리 체 쳐서 준비합니다.
- 반죽용 백설탕과 소금은 함께 계량합니다.
- 팬에 종이포일 혹은 테프론시트를 깔아 준비합니다.
- 오븐은 반죽을 굽기 15분 전 175℃로 예열합니다.
- 아이스크림스쿱을 준비합니다.

쿠키반죽 & 마무리

1 볼에 버터, 설탕, 소금을 넣고 핸드믹서 중속으로 가볍게 섞는다.

2 달걀과 바닐라익스트랙을 넣고 30초간 섞는다.
   Tip 과한 휘핑은 구웠을 때 빵 같은 식감이 나고 모양이 퍼질 수 있으니 주의합니다.

3 주걱으로 볼 옆면을 정리한다.

4 체 친 박력분, 옥수수전분, 베이킹소다, 베이킹파우더와 코코넛가루를 넣고 주걱으로 살살 섞는다.

5 완성된 반죽은 랩핑하여 최소 1시간 이상 냉장 보관한다.
   Tip 쿠키 반죽은 최대 24시간까지 냉장 보관 가능합니다.

6 아이스크림스쿱을 사용해 반죽을 팬닝한 후 손으로 살짝 누른다.

7 반죽 윗면에 토핑용 설탕을 뿌린 후 175℃로 예열한 오븐에서 10분간 굽고 다시 160℃로 낮춰 7분간 더 굽는다.
   Tip 컨벡션오븐 기준입니다. 구움색을 확인하세요. 굽는 양과 팬닝 크기에 따라 굽는 시간이 달라질 수 있습니다.

8 구운 쿠키는 팬에서 약 10분간 식힌 후 식힘망으로 옮겨 완벽히 식힌다.
   Tip 갓 구운 쿠키를 바로 옮기면 부서질 수 있습니다. 팬에서 최소 10분간 식힌 후 식힘망으로 옮깁니다.

보관방법 및 주의사항
- 만든 당일은 바삭한 식감이지만 시간이 지날수록 버터의 수분이 골고루 퍼지면서 촉촉해집니다.
- 밀봉하여 최대 5일까지 실온 보관 가능하며, 냉동 보관 시 최대 3주까지 보관 가능합니다.

Salted Caramel Nuts Cookie

솔티캐러멜 넛츠 쿠키

오독오독 씹히는 견과류가 매력적인 쿠키예요. 달콤 짭조름한 캐러멜소스가 듬뿍 들어가 캐러멜 맛을 좋아하는 이들에게 추천합니다. 화려하고 멋스러운 비주얼에 한 번, 생각보다 많이 달지 않은 맛에 또 한 번 기분이 좋아집니다.

Ingredients

8개 분량

쿠키반죽
무염버터 120g
달걀 50g
솔티캐러멜소스 70g
박력분 120g
중력분 120g
시나몬가루 1g
베이킹파우더 2g
베이킹소다 2g
백설탕 30g
머스코바도(라이트) 30g
소금 1g
헤이즐넛 40g
피칸 40g

솔티캐러멜소스
백설탕 130g
소금 2g
물 10g
생크림 110g

토핑
헤이즐넛 20g
피칸 20g
솔티캐러멜소스 약간

Check List

◦ 솔티캐러멜소스는 쿠키 반죽 30분 전에 미리 만들어 둡니다.
◦ 솔티캐러멜소스용 백설탕과 소금은 함께 계량합니다.
◦ 솔티캐러멜소스용 생크림은 전자레인지에 데워 따뜻하게 사용합니다.
◦ 버터와 달걀은 실온에 꺼내 두어 찬기 없이 사용합니다.
◦ 박력분, 중력분, 시나몬가루, 베이킹파우더, 베이킹소다는 함께 계량해 미리 체 쳐 준비합니다.
◦ 반죽용과 토핑용 헤이즐넛과 피칸은 170℃로 예열한 오븐에서 4~5분간 구운 후 식혀 사용합니다.
◦ 팬에 종이포일 혹은 테프론시트를 깔아 준비합니다.
◦ 오븐은 반죽을 굽기 15분 전 175℃로 예열합니다.

솔티캐러멜소스

1 바닥이 두꺼운 냄비에 설탕+소금을 넣는다. 약불을 켠 상태에서 설탕 주변에 물을 두른다.

2 설탕이 녹기 시작하면 냄비를 돌려가며 더 녹인다. 녹은 부분은 나무주걱이나 실리콘주걱을 사용하여 안쪽으로 밀듯 젓는다.
   Tip 처음부터 설탕을 저으면 덩어리집니다. 설탕이 다 녹은 상태에서 살살 저어주세요.

3 녹은 설탕이 갈색으로 변하면 따뜻한 생크림을 2회에 나눠 넣고 잠시 불을 끈 뒤 주걱으로 빠르게 젓는다.
   Tip 생크림을 넣으면 순간적으로 확 끓어오릅니다. 위험하므로 잠시 불을 끄고 저은 후 크림이 가라앉으면 다시 불을 켭니다.

4 불을 다시 켜고 20초간 더 졸인 후 한 김 식힌다.
   Tip 실온에서 40℃ 아래로 식힌 후 사용하세요.

쿠키반죽

1 볼에 버터, 머스코바도, 설탕, 소금을 넣고 핸드믹서 중속으로 풀어준다.

2 달걀을 넣고 중속으로 30초간 섞는다.

3 식힌 솔티캐러멜소스를 70g만 넣고 30초간 더 섞는다.
Tip 남은 캐러멜소스는 토핑용으로 사용합니다.

4 체 친 박력분, 중력분, 시나몬가루, 베이킹파우더, 베이킹소다를 넣고 주걱으로 가루가 보이지 않을 정도로 살살 섞는다.

5 준비한 헤이즐넛과 피칸을 넣고 섞는다.
Tip 피칸은 반으로 잘라 넣어주세요.

6 완성된 반죽은 랩핑하여 최소 1시간 이상 냉장 보관한다.
Tip 쿠키 반죽은 최대 24시간까지 냉장 보관 가능합니다.

마무리

1 손으로 반죽을 70~75g씩 빚어 팬닝하고 175℃로 예열한 오븐에서 7분간 구운 후 잠시 꺼낸다.

2 주걱으로 쿠키 윗면을 살짝 눌러 모양을 잡고 토핑용 헤이즐넛과 피칸을 올린다. 남은 솔티캐러멜소스를 얹고 오븐에서 9분간 더 굽는다.

Tip 컨벡션오븐 기준입니다. 오븐 열에 따라 온도와 시간은 다를 수 있으니 구움색을 확인하세요.

3 구운 쿠키는 팬에서 약 10분간 식힌 후 식힘망으로 옮겨 충분히 식힌다.

Tip 갓 구운 쿠키를 바로 옮기면 부서질 수 있습니다. 팬에서 최소 10분간 식힌 후 식힘망으로 옮깁니다.

보관방법 및 주의사항
- 캐러멜소스가 들어간 쿠키는 시간이 지날수록 식감이 촉촉해집니다.
- 밀봉하여 최대 5일까지 실온 보관 가능하며, 냉동 보관 시 최대 3주까지 보관 가능합니다.

Mocha Biscotti

모카 비스코티

이탈리아어로 '두 번 굽는다'라는 뜻의 비스코티는 담백하고 고소한 맛이 특징인 쿠키예요. 바삭함을 넘어 오독오독 씹히는 식감이 아주 매력적이죠. 간편한 핑거푸드라 티타임 자리에도 잘 어울리고 바삭한 식감을 오랫동안 느낄 수 있어 선물용으로도 추천합니다.

Ingredients

12개 분량

쿠키반죽
무염버터 50g
달걀 50g
박력분 130g
통밀가루 40g
코코아파우더 10g
베이킹파우더 2g
백설탕 70g
소금 1g
인스턴트커피가루 2g
물 10g
아몬드슬라이스 40g

Check List

◦ 달걀은 실온에 꺼내 두어 찬기 없이 사용합니다.
◦ 버터는 전자레인지에 녹이거나 중탕하여 40~45℃ 사이로 준비합니다.
◦ 박력분, 통밀가루, 코코아파우더, 베이킹파우더는 함께 계량해 미리 체 쳐 준비합니다.
◦ 백설탕과 소금은 함께 계량합니다.
◦ 인스턴트커피가루는 물에 녹여 준비합니다.
◦ 팬에 종이포일 혹은 테프론시트를 깔아 준비합니다.
◦ 오븐은 반죽을 굽기 15분 전 160℃로 예열합니다.

쿠키반죽 & 마무리

1   볼에 달걀과 설탕, 소금을 넣고 손거품기로 1분간 섞는다.

2   녹인 버터와 인스턴트커피가루+물을 넣고 30초간 더 섞는다.

3   체 친 박력분, 통밀가루, 코코아파우더, 베이킹파우더를 넣고 주걱으로 가루가 보이지 않을 정도로 섞는다.

4   아몬드슬라이스를 넣고 반죽을 직사각형으로 뭉친 후 20분간 냉장 보관한다.

5   160℃로 예열한 오븐에서 25분 굽는다.

6   오븐에서 꺼내 10분간 식힌 후 두께 1cm 크기로 자른다.
    Tip 부서지기 쉬운 상태이니 비스코티 반죽을 살짝 오므려 잡고 날렵한 칼을 사용해주세요.

7   150℃로 낮춘 오븐에서 12분간 굽고 뒤집어 10분 더 굽는다. 이후 식밍함 위에서 충분히 식힌다.
    Tip 컨벡션오븐 기준입니다. 구움색을 확인하세요. 굽는 양과 팬닝 크기에 따라 굽는 시간이 달라질 수 있습니다.

보관방법 및 주의사항

• 밀봉하여 최대 1주일까지 실온 보관 가능하며, 냉동 보관 시 최대 3주까지 보관 가능합니다.

Earl Grey Sablé

얼그레이 사브레

오독오독 식감이 재미있는 버터풍미 가득한 쿠키입니다. 공정이 간단해 초보 홈베이커들도 쉽게 도전할 수 있고 바삭한 식감이 오랫동안 유지돼 선물하기에도 좋은 쿠키예요. 얼그레이가 아닌 다른 종류의 홍차를 우려 넣어도 맛있으니 취향에 따라 다양하게 활용해 보세요.

Ingredients ──────────

18개 분량

쿠키반죽
무염버터 60g
노른자 12g
박력분 120g
아몬드가루 10g
슈거파우더 40g
소금 1g
얼그레이가루 2g
생크림 15g

토핑
백설탕

Check List ──────────

◦ 버터와 노른자는 실온에 꺼내 두어 찬기 없이 사용합니다.
◦ 박력분과 아몬드가루는 함께 계량해 미리 체 쳐 준비합니다.
◦ 토핑용 백설탕은 반죽에 골고루 묻힐 수 있게 넉넉히 준비합니다.
◦ 팬에 종이포일 혹은 테프론시트를 깔아 준비합니다.
◦ 오븐은 반죽을 굽기 15분전 155℃로 예열합니다.

쿠키반죽

1 내열용기에 생크림, 얼그레이가루를 넣고 전자레인지에 15초간 데워 준비한다.

   Tip 티백을 뜯어 사용하면 편합니다. 굵은 잎차의 경우 식감이 좋지 않으니 갈아서 사용하거나 우려낸 원액만 사용하세요.

2 다른 볼에 버터, 슈거파우더, 소금을 넣고 주걱으로 섞는다.

3 노른자를 넣고 잘 섞는다.

4 3에 1을 넣고 섞는다.

5 체 친 박력분과 아몬드가루를 넣고 살살 섞는다.

6 반죽을 한 덩어리로 뭉친다.

7 뭉친 반죽은 지름 2~2.5cm 정도의 원통 모양으로 밀어준 후 1시간 냉동 보관한다.

   Tip 종이포일이나 유산지로 반죽을 말아 보관하면 편리합니다.

마무리

1   냉동실에서 꺼낸 반죽에 물을 살짝 묻힌 후 설탕을 골고루 바른다.

2   두께 1cm 크기로 잘라 팬닝한 후 155℃로 예열한 오븐에서 25분간 굽는다.
    Tip 컨벡션오븐 기준입니다. 구움색을 확인하세요.

3   구운 쿠키는 식힘망에서 충분히 식힌다.
    Tip 갓 구운 쿠키를 바로 옮기면 부서질 수 있습니다. 팬에서 최소 10분간 식힌 후 식
    힘망으로 옮깁니다.

보관방법 및 주의사항

• 밀봉하여 최대 5일까지 실온 보관 가능하며, 냉동 보관 시 최대 3주까지 보관 가능합니다.

Raspberry Cream Cheese Cookie

Level ●●○○

라즈베리 크림치즈 쿠키

라즈베리치즈케이크의 상큼한 맛이 연상되는 쿠키입니다. 3년 전, 크림치즈를 쿠키에 어떻게 응용하면 좋을까 고민하다 만든 레시피예요. 고소하고 부드러운 크림치즈에 상큼한 라즈베리잼이 참 잘 어울리는, 차게 먹으면 더욱 맛있는 쿠키랍니다. 크기도 큼직해서 하나만 먹어도 든든해요.

Ingredients

6개 분량

라즈베리잼
냉동라즈베리 80g
라즈베리퓨레 100g
백설탕 40g
레몬즙 10g
펙틴 1g
(혹은 옥수수전분 4g)

크림치즈필링
크림치즈 170g
슈거파우더 15g

쿠키반죽
무염버터 100g
달걀 50g
박력분 100g
중력분 100g
옥수수전분 5g
베이킹파우더 2g
베이킹소다 2g
백설탕 80g
소금 1g
화이트커버춰초콜릿 60g
바닐라익스트랙 4g

Check List

∘ 라즈베리잼→크림치즈필링→쿠키반죽 순서로 작업합니다.

∘ 크림치즈는 차가운 상태로 준비합니다.

∘ 버터와 달걀은 실온에 꺼내 두어 찬기 없이 사용합니다.

∘ 박력분, 중력분, 옥수수전분, 베이킹파우더, 베이킹소다는 함께 계량해 미리 체 쳐 준비합니다.

∘ 반죽용 백설탕과 소금은 함께 계량합니다.

∘ 팬에 종이포일 혹은 테프론시트를 깔아 준비합니다.

∘ 오븐은 반죽을 굽기 15분 전 175℃로 예열합니다.

라즈베리잼

1 냄비에 냉동라즈베리, 라즈베리퓨레, 설탕, 레몬즙을 넣고 나무주걱이나 실리콘주걱으로 저어가며 끓인다.

2 끓기 시작하면 펙틴을 넣는다.

3 계속 젓다가 되직한 상태가 되면 불을 끈다.
   Tip 주걱으로 들어올렸을 때 흘러내리는 정도이며 약간의 점성이 있습니다.

4 완성된 잼은 작은 볼에 옮겨 식힌다.

크림치즈필링

1 볼에 크림치즈와 슈거파우더를 넣고 주걱이나 손으로 섞는다.

2 동그란 모양으로 6등분 하여 사용 전까지 냉장 보관한다.

쿠키반죽 & 마무리

1 볼에 버터, 설탕, 소금을 넣고 핸드믹서 중속으로 30초간 섞는다.
  Tip 과하게 섞거나 설탕을 녹일 필요는 없습니다. 재료가 잘 섞일 정도면 됩니다.

2 달걀과 바닐라익스트랙을 넣고 30초간 더 섞는다.

3 체 친 박력분, 중력분, 옥수수전분, 베이킹파우더, 베이킹소다를 넣고 주걱으로 살살 섞는다.

4 준비한 화이트커버춰초콜릿을 넣고 골고루 섞는다.
  Tip 초콜릿 크기가 큰 경우 잘라 넣습니다.

5 완성된 반죽은 랩핑하여 최소 1시간 냉장 보관한다.
  Tip 쿠키 반죽은 최대 24시간까지 냉장 보관 가능합니다.

6 냉장 보관한 반죽을 6등분 한 후 손으로 동그랗게 펼친다. 라즈베리잼과 크림치즈필링을 순서대로 넣은 후 감싼다.
  Tip 크림치즈 윗부분이 살짝 보일 정도로 감싸면 예쁘게 구워집니다.

7 175℃로 예열한 오븐에서 15~16분간 굽는다.
  Tip 컨벡션오븐 기준입니다. 구움색을 확인하세요. 굽는 양과 팬닝 크기에 따라 굽는 시간이 달라질 수 있습니다.

8 팬에서 10분간 식힌 후 식힘망으로 옮겨 완벽하게 식힌다.
  Tip 갓 구운 쿠키를 바로 옮기면 부서질 수 있습니다. 팬에서 최소 10분간 식힌 후 식힘망으로 옮기세요.

보관방법 및 주의사항
• 크림치즈가 들어있어 더운 계절에는 냉장 혹은 냉동 보관하는 것이 좋습니다.
• 밀봉하여 최대 3일까지 실온 보관 가능하며, 냉동 보관 시 최대 3주까지 보관 가능합니다.

Chocolate Pecan Cookie

초콜릿 피칸 쿠키

매일 구워도 질리지 않는 클래식한 쿠키예요. 초콜릿과 견과류의 조합이야말로 호불호 없이 누구나 좋아하는 맛이 아닐까요? 아메리칸 쿠키처럼 너무 달지 않은, 한국인이 좋아하는 당도에 맞춘 레시피입니다. 커버춰초콜릿이 들어가 훨씬 더 고급스럽지요. 취향에 따라 좋아하는 견과류를 넣어 구워 보세요.

Ingredients

10개 분량

쿠키반죽
무염버터 120g
달걀 50g
중력분 170g
옥수수전분 15g
베이킹파우더 2g
베이킹소다 2g
시나몬가루 1g
황설탕 60g
백설탕 40g
소금 2g
다크커버춰초콜릿 80g
밀크커버춰초콜릿 50g
피칸 70g

토핑
피칸 20알

Check List

◦ 버터와 달걀은 실온에 꺼내 두어 찬기 없이 사용합니다.
◦ 중력분, 옥수수전분, 베이킹파우더, 베이킹소다, 시나몬가루는 함께 계량해 미리 체 쳐 준비합니다.
◦ 황설탕, 백설탕, 소금은 함께 계량합니다.
◦ 피칸은 170℃로 예열한 오븐에서 4~5분간 구운 후 식혀 준비합니다.
◦ 팬에 종이포일 혹은 테프론시트를 깔아 준비합니다.
◦ 오븐은 반죽을 굽기 15분 전 175℃로 예열합니다.
◦ 아이스크림스쿱을 준비합니다.

쿠키반죽 & 마무리

1 볼에 버터, 황설탕, 백설탕, 소금을 넣고 핸드믹서 중속으로 30초간 섞는다.
Tip 과하게 섞거나 설탕을 녹일 필요는 없습니다. 재료가 잘 섞일 정도면 됩니다.

2 달걀을 넣고 30초간 더 섞는다.

3 체 친 중력분, 옥수수전분, 베이킹파우더, 베이킹소다, 시나몬가루를 넣고 주
걱으로 살살 섞는다.

4 다크커버춰초콜릿, 밀크커버춰초콜릿, 구운 피칸을 넣고 살살 섞는다.
Tip 초콜릿과 피칸은 반으로 잘라 넣습니다.

5 한 덩어리로 뭉친 반죽은 랩핑하여 최소 1시간 냉장 보관한다.
Tip 쿠키반죽은 최대 24시간까지 냉장 보관 가능합니다.

6 아이스크림스쿱을 사용하여 약 65g씩 팬닝한 후 윗면을 살짝 누른다.

7 반죽 위에 토핑용 피칸을 올린 후 175℃로 예열한 오븐에서 14~15분간 굽
는다.
Tip 컨벡션오븐 기준입니다. 구움색을 확인하세요. 굽는 양과 팬닝 크기에 따라 굽는
시간이 달라질 수 있습니다.

8 구운 쿠키는 팬에서 10분간 식힌 후 식힘망으로 옮겨 충분히 식힌다.
Tip 갓 구운 쿠키를 바로 옮기면 부서질 수 있습니다. 팬에서 최소 10분간 식힌 후 식
힘망으로 옮기세요.

보관방법 및 주의사항
· 밀봉하여 최대 5일까지 실온 보관 가능하며, 냉동 보관 시 최대 3주까지 보관 가능합니다.
· 커버춰초콜릿은 초코칩으로 대체 가능합니다.

Part 2

SCONE

—

스콘

Plain Butter
Scone

플레인 버터
스콘

스콘하면 떠오르는 이상적인 맛과 식감을 표현한 것이 바로 이 버터 스콘입
니다. 그만큼 몇백 번의 수정을 거친 '황금비율 스콘'이에요. 스콘의 퍽퍽함
을 좋아하지 않는 이들도 맛있게 즐길 수 있습니다. 따끈한 스콘에 클로티
드크림과 라즈베리잼을 곁들여 보세요.

Ingredients

6~7개 분량

스콘반죽
무염버터 110g
박력분 280g
베이킹파우더 8g
백설탕 60g
소금 2g
노른자 18g
우유 40g
생크림 40g
바닐라익스트랙 4g

토핑
달걀물(노른자 1개 + 우유 10g)
백설탕 10g(혹은 케인슈거)

Check List

- 버터는 사용 전날이나 최소 30분 전에 미리 깍둑썰기하여 냉장 보관합니다.
- 박력분과 베이킹파우더는 함께 계량해 미리 체 쳐 준비합니다.
- 노른자, 우유, 생크림, 바닐라익스트랙은 함께 계량해 작업 직전까지 냉장 보관합니다.
- 액체를 넣기 전까지 푸드프로세서 사용이 가능합니다. 손 반죽 시 깊은 볼 보다는 양옆이 넓은 볼을 사용하세요.
- 스콘은 휴지 시간이 있어요. 오븐은 반죽을 굽기 15분 전 180℃로 예열합니다.
- 팬에 종이포일 혹은 테프론시트를 깔아 준비합니다.
- 스크래퍼, 밀대, 붓, 쿠키커터(5.5~6cm)를 준비합니다.

스콘반죽

1 볼에 체 친 박력분과 베이킹파우더를 넣고 손이나 스크래퍼로 가볍게 섞는다.

2 깍둑썰기한 버터를 넣고 작은 알갱이가 될 때까지 스크래퍼로 버터를 빠르게 다진다.

   Tip 최대한 빠르게 진행합니다. 버터가 녹을수록 반죽이 질퍽해지고 구웠을 때 식감이 좋지 않아요.

3 설탕과 소금을 넣고 손으로 가볍게 섞는다.

4 노른자＋우유＋생크림＋바닐라익스트랙을 넣고 한 덩어리로 빠르게 뭉친다.

5 뭉친 반죽을 작업대에 올려 놓는다.

6 2겹 접기 하여 결을 만든다.

   Tip 3~4번 정도 접으면 반죽에 자연스러운 결이 생깁니다. 접는 횟수가 많아지면 구울 때 반죽이 무너질 수 있어요.

7 완성된 반죽은 랩이나 비닐로 밀봉하여 냉장고에서 최소 1시간, 최대 하루 휴지시킨다.

마무리

1 휴지된 반죽은 밀대를 사용해 두께 2.5cm로 밀어 편다. 이후 쿠키커터로 찍어 모양을 낸다.

Tip 남은 반죽은 한꺼번에 모아 찍습니다.

2 반죽 윗면에 달걀물을 바르고 토핑용 설탕을 살짝 뿌린 뒤 180℃로 예열한 오븐에서 20~23분간 굽는다.

Tip 컨벡션오븐 기준입니다. 오븐 열에 따라 온도와 시간은 다를 수 있으니 구움색을 확인하세요.

3 식힘망에서 충분히 식힌다.

Tip 갓 구운 스콘을 바로 자르면 잔열과 수분 때문에 속이 떡져 보일 수 있어요. 한 김 식힌 후 자르도록 합니다.

보관방법 및 주의사항

• 스콘은 구운 당일이 제일 맛있습니다. 밀봉하여 최대 3일까지 실온 보관 가능합니다.

• 장기간 섭취하길 원하는 경우 밀봉하여 냉동 보관해 두었다가 그때그때 꺼내 자연해동한 후 오븐이나 에어프라이어에 살짝 구워 드세요.

• 스콘 사이즈를 변형해 구울 경우 굽는 시간 또한 조절해 주세요.

Raspberry Crumble Scone

Level ●●○○

라즈베리 크럼블
스콘

세련된 스콘을 원한다면 잼과 크럼블이 올라간 라즈베리 크럼블 스콘을 추천합니다. 이 스콘은 카페 운영 당시 실제 판매했던 스콘이기도 해요. 비주얼만큼 맛도 훌륭한, 호불호 적은 스콘입니다. 애플잼이나 블루베리잼 등 취향에 따라 다양한 잼을 올려 만들어 보세요.

Ingredients

6개 분량

스콘반죽
무염버터 110g
박력분 280g
베이킹파우더 8g
백설탕 60g
소금 2g
우유 40g
노른자 18g
생크림 40g
바닐라익스트랙 4g

토핑
달걀물(노른자 1개 + 우유 10g)

라즈베리잼
냉동라즈베리 80g
라즈베리퓨레 100g
백설탕 40g
레몬즙 10g
펙틴 1g
(혹은 옥수수전분 4g)

크럼블
무염버터 35g
박력분 70g
땅콩버터 10g
백설탕 30g
소금 한 꼬집

Check List

∘ 라즈베리잼→크럼블→스콘반죽 순서로 작업합니다.
∘ 라즈베리잼은 58쪽을 참고해 미리 만들어 준비합니다.
∘ 버터는 사용 전날이나 최소 30분 전에 미리 깍둑썰기하여 냉장 보관합니다.
∘ 반죽용 박력분과 베이킹파우더는 함께 계량해 미리 체 쳐 준비합니다.
∘ 우유, 노른자, 생크림, 바닐라익스트랙은 함께 계량해 작업 직전까지 냉장 보관합니다.
∘ 크럼블용 버터는 실온에 꺼내 두어 찬기 없이 준비합니다.
∘ 스콘은 휴지 시간이 있어요. 오븐은 반죽을 굽기 15분 전 180℃로 예열합니다.
∘ 액체를 넣기 전까지 푸드프로세서 사용이 가능합니다. 손 반죽 시 깊은 볼 보다는 양옆이 넓은 볼을 사용하세요.
∘ 팬에 종이포일 혹은 테프론시트를 깔아 준비합니다.
∘ 스크래퍼를 준비합니다.

크럼블

1   볼에 버터와 땅콩버터, 설탕, 소금을 넣고 주걱으로 섞는다.

2   박력분을 넣고 섞은 후 손으로 뭉쳐 크럼블 모양을 만든다.
       Tip 크럼블용 박력분은 체 치지 않고 넣어도 괜찮습니다.

3   완성된 크럼블은 사용 전까지 냉동 보관한다.

스콘반죽

1 볼에 체 친 박력분과 베이킹파우더를 넣고 손이나 스크래퍼로 가볍게 섞는다.

2 깍둑썰기한 버터를 넣고 작은 알갱이가 될 때까지 스크래퍼로 버터를 빠르게 다진다.

   Tip 최대한 빠르게 진행합니다. 버터가 너무 녹으면 반죽이 질퍽해지고 구웠을 때 식감이 좋지 않아요.

3 설탕과 소금을 넣고 손으로 가볍게 섞는다.

4 우유＋노른자＋생크림＋바닐라익스트랙을 넣고 한 덩어리로 빠르게 뭉친다.

5 뭉친 반죽을 작업대에 올려놓고 2겹 접기 하여 결을 만든다.

   Tip 3~4번 정도 접으면 반죽에 자연스러운 결이 생깁니다. 접는 횟수가 많아지면 구울 때 반죽이 무너질 수 있어요.

6 완성된 반죽은 랩이나 비닐로 밀봉하여 냉장고에서 최소 1시간, 최대 하루 휴지시킨다.

| 마무리 | 1 | 휴지된 반죽은 사각모양으로 6등분 한다. 숟가락으로 가운데 부분을 약간 누른 후 라즈베리잼을 올린다. |

마무리

1 휴지된 반죽은 사각모양으로 6등분 한다. 숟가락으로 가운데 부분을 약간 누른 후 라즈베리잼을 올린다.

2 잼 주변으로 크럼블을 올려 잼이 흐르지 않도록 한다.

3 180℃로 예열한 오븐에서 20~23분간 구운 후 식힘망에서 충분히 식힌다.

Tip 컨벡션오븐 기준입니다. 오븐 열에 따라 온도와 시간은 다를 수 있으니 구움색을 확인하세요.

보관방법 및 주의사항

• 스콘은 구운 당일이 제일 맛있습니다. 밀봉하여 최대 3일까지 실온 보관 가능합니다.

• 장기간 섭취하길 원하는 경우 밀봉하여 냉동 보관해 두었다가 그때그때 꺼내 자연해동 한 후 오븐이나 에어프라이어에 살짝 구워 드세요.

• 스콘 사이즈를 변형해 구울 경우 굽는 시간 또한 조절해 주세요.

Tomato Basil Cheese Scone

토마토 바질 치즈
스콘

식사 대용으로 추천하는 스콘입니다. 가끔씩 특별한 브런치가 생각난다면 이 스콘을 만들어 보세요. 썬드라이토마토가 아닌 방울토마토를 볶아 쓰는 간편한 레시피라 손쉽게 만들 수 있어요. 커피와 함께 먹어도 좋고 수프와도 잘 어울린답니다. 크림치즈나 살사소스를 곁들여도 좋아요.

Ingredients

6개 분량

스콘반죽
무염버터 90g
박력분 300g
황치즈가루 30g
베이킹파우더 8g
백설탕 30g
소금A 3g
소금B 1g
우유 60g
콜비잭치즈 70g
생바질 12g
방울토마토 15알
올리브오일 10g

토핑
달걀물(노른자 1개 + 우유 10g)

Check List

∘ 방울토마토는 반으로 잘라 준비하고 생바질은 흐르는 물에 세척해 잘게 잘라 준비합니다.

∘ 버터는 사용 전날이나 최소 30분 전에 미리 깍둑썰기하여 냉장 보관합니다.

∘ 박력분, 황치즈가루, 베이킹파우더는 함께 계량해 미리 체 쳐 준비합니다.

∘ 우유와 콜비잭치즈는 사용 전까지 냉장 보관합니다.

∘ 콜비잭치즈는 제스터에 갈거나 작은 큐브모양으로 잘라 준비합니다.

∘ 스콘은 휴지 시간이 있어요. 오븐은 반죽을 굽기 15분 전 180℃로 예열합니다.

∘ 액체를 넣기 전까지 푸드프로세서 사용이 가능합니다. 손 반죽 시 깊은 볼보다는 양옆이 넓은 볼을 사용하세요.

∘ 팬에 종이포일 혹은 테프론시트를 깔아 준비합니다.

∘ 스크래퍼와 붓을 준비합니다.

스콘반죽 & 마무리

1 팬이나 냄비에 올리브오일을 두른다. 반으로 자른 방울토마토와 소금B를 넣고 중약불로 볶는다.

2 수분이 날아가고 토마토 겉이 갈색으로 변하면 불을 끄고 완벽히 식힌다.
   Tip 물기가 최대한 없어야 합니다. 사용 전까지 냉장 보관하세요.

3 볼에 체 친 박력분, 황치즈가루, 베이킹파우더를 넣고 손이나 스크래퍼로 가볍게 섞는다.

4 깍둑썰기한 버터를 넣고 작은 알갱이가 될 때까지 스크래퍼로 버터를 빠르게 다진다.
   Tip 최대한 빠르게 진행합니다. 버터가 녹을수록 반죽이 질퍽해지고 구웠을 때 식감이 좋지 않아요.

5 설탕과 소금A를 넣고 손으로 가볍게 섞는다.

6 2와 우유, 콜비잭치즈, 생바질을 넣고 우유와 방울토마토의 수분으로 반죽을 섞는다.

7 빠르게 6등분 한 후 힘주어 동그랗게 뭉친 후 비닐이나 랩으로 밀봉하여 냉장고에서 최소 1시간, 최대 하루 휴지시킨다.
   Tip 뭉치는 모양으로 구워집니다. 너무 약하게 뭉치면 굽는 과정에서 반죽이 무너질 수 있으니 세게 뭉치세요.

8 반죽 윗면에 달걀물을 바른 뒤 180℃로 예열한 오븐에서 20~23분간 굽는다.

   Tip 컨벡션오븐 기준입니다. 오븐 열에 따라 온도와 시간은 다를 수 있으니 구움색을 확인하세요.

9 식힘망에서 충분히 식힌다.

   Tip 갓 구운 스콘을 바로 자르면 잔열과 수분 때문에 속이 떡져 보일 수 있어요. 한 김 식힌 후 자르도록 합니다.

보관방법 및 주의사항

- 스콘은 구운 당일이 제일 맛있습니다. 밀봉하여 최대 3일까지 실온 보관 가능합니다.
- 장기간 섭취하길 원하는 경우 밀봉하여 냉동 보관해 두었다가 그때그때 꺼내 자연해동한 후 오븐이나 에어프라이어에 살짝 구워 드세요.
- 스콘 사이즈를 변형해 구울 경우 굽는 시간 또한 조절해 주세요.

Apple Cinnamon
Scone

Level ●●○○

애플 시나몬
스콘

'겉바속촉' 많이 들어 보셨죠? 애플 시나몬 스콘이야말로 겉바속촉의 정석이라고 할 수 있어요. 겉은 비스킷처럼 바삭하고, 속은 사과 수분으로 촉촉해 식감이 조화로워요. 제가 정말 좋아하는 스콘 중 하나이기도 해요. 중간중간 씹히는 달콤한 사과조림의 매력과 은은한 시나몬 향을 함께 느껴보세요.

Ingredients

6개 분량

스콘반죽	사과조림
무염버터 100g	(씨와 껍질을 제거한)사과 160g
박력분 230g	설탕 60g
통밀가루 50g	레몬즙 7g
베이킹파우더 8g	시나몬가루 1g
백설탕 30g	
소금 2g	**토핑**
우유 55g	달걀물(노른자 1개 + 우유 10g)
생크림 45g	비정제설탕(터비나도슈거 혹은 케인슈거)10g

Check List

◦ 사과조림→스콘반죽 순서로 작업합니다.

◦ 버터는 사용 전날이나 최소 30분 전에 미리 깍둑썰기하여 냉장 보관합니다.

◦ 박력분, 통밀가루, 베이킹파우더는 함께 계량해 미리 체 쳐 준비합니다.

◦ 우유와 생크림은 함께 계량해 사용 전까지 냉장 보관합니다.

◦ 사과는 큐브모양으로 작게 잘라 준비합니다.

◦ 스콘은 휴지 시간이 있어요. 오븐은 반죽을 굽기 15분 전 180℃로 예열합니다.

◦ 액체를 넣기 전까지 푸드프로세서 사용이 가능합니다. 손 반죽 시 깊은 볼보다는 양옆이 넓은 볼을 사용하세요.

◦ 팬에 종이포일 혹은 테프론시트를 깔아 준비합니다.

◦ 스크래퍼, 밀대, 붓을 준비합니다.

사과조림

1 냄비에 사과, 설탕, 레몬즙, 시나몬가루를 넣고 나무주걱이나 실리콘주걱으로 저어가며 약불로 졸인다.

2 수분이 줄어들고 잼 같은 질감이 되면 불을 끈다.

    Tip 약간의 끈적한 물기가 있어야 해요. 수분이 아예 없으면 식었을 때 사과가 딱딱해질 수 있습니다.

3 작은 볼에 옮겨 냉장고에서 차게 식힌다.

스콘반죽 & 마무리

1 볼에 체 친 박력분, 통밀가루, 베이킹파우더를 넣고 손이나 스크래퍼로 가볍게 섞는다.

2 깍둑썰기한 버터를 넣고 작은 알갱이가 될 때까지 스크래퍼로 버터를 빠르게 다진다.

Tip 최대한 빠르게 진행합니다. 버터가 녹을수록 반죽이 질퍽해지고 구웠을 때 식감이 좋지 않아요.

3 설탕과 소금을 넣고 손으로 가볍게 섞는다.

4 차게 식힌 사과조림과 우유 + 생크림을 넣고 한 덩어리로 빠르게 뭉친다.

5 뭉친 반죽을 작업대에 올려 놓고 2겹 접기 하여 결을 만든다.

Tip 3~4번 정도 접으면 반죽에 자연스러운 결이 생깁니다. 접는 횟수가 많아지면 구울 때 반죽이 무너질 수 있어요.

6 완성된 반죽은 최대한 동그랗게 만들어 랩이나 비닐로 밀봉한 후 냉장고에서 최소 1시간, 최대 하루 휴지시킨다.

Tip 두께 3cm 정도의 동그란 모양으로 만들어 휴지시키면 편리합니다. 휴지된 반죽을 피자처럼 자르면 세모 모양이 됩니다.

7 휴지된 반죽은 6등분 한다. 이후 반죽 윗면에 달걀물을 바른 뒤 비정제설탕을 살짝 뿌려 180℃로 예열한 오븐에서 20~23분간 굽는다.

Tip 컨벡션오븐 기준입니다. 오븐 열에 따라 온도와 시간은 다를 수 있으니 구움색을 확인하세요.

8 식힘망에서 충분히 식힌다.

Tip 갓 구운 스콘을 바로 자르면 잔열과 수분 때문에 속이 떡져 보일 수 있어요. 한 김 식힌 후 자르도록 합니다.

보관방법 및 주의사항

- 스콘은 구운 당일이 제일 맛있습니다. 밀봉하여 최대 3일까지 실온 보관 가능합니다.
- 장기간 섭취하길 원하는 경우 밀봉하여 냉동 보관해 두었다가 그때그때 꺼내 자연해동한 후 오븐이나 에어프라이어에 살짝 구워 드세요.
- 스콘 사이즈를 변형해 구울 경우 굽는 시간 또한 조절해 주세요.

Matcha Chocolate Chip Scone

말차 초코칩 스콘

말차 초코칩 스콘은 카페에서 판매하기 좋은 스콘이에요. 겉은 쿠키처럼 바삭하지만 속은 묵직한 게, 목 막히는 식감조차 꽤 매력적인 스콘이랍니다. 말차의 쌉쌀함과 초코칩의 은은한 단맛을 느껴보세요. 잼이나 스프레드 없이 먹어도 맛있고 포장이 간편해서 선물용으로도 추천해요.

Ingredients

6개 분량

스콘반죽
무염버터 110g
박력분 280g
말차가루 15g
옥수수전분 10g
베이킹파우더 8g
백설탕 60g
소금 2g
생크림 105g
초코칩 100g

Check List

◦ 말차가루가 없다면 녹차가루를 사용해도 괜찮습니다.
◦ 버터는 사용 전날이나 최소 30분 전에 미리 깍둑썰기하여 냉장 보관합니다.
◦ 박력분, 말차가루, 옥수수전분, 베이킹파우더는 함께 계량해 미리 체 쳐 준비합니다.
◦ 생크림은 사용 전까지 냉장 보관합니다.
◦ 스콘은 휴지 시간이 있어요. 오븐은 반죽을 굽기 15분 전 180℃로 예열합니다.
◦ 액체를 넣기 전까지 푸드프로세서 사용이 가능합니다. 손 반죽 시 깊은 볼 보다는 양옆이 넓은 볼을 사용하세요.
◦ 팬에 종이포일 혹은 테프론시트를 깔아 준비합니다.
◦ 스크래퍼와 붓을 준비합니다.

스콘반죽 & 마무리

1 볼에 체 친 박력분, 말차가루, 옥수수전분, 베이킹파우더를 넣고 손이나 스크래퍼로 가볍게 섞는다.

2 깍둑썰기한 버터를 넣고 작은 알갱이가 될 때까지 스크래퍼로 버터를 빠르게 다진다.

Tip 최대한 빠르게 진행합니다. 버터가 녹을수록 반죽이 질퍽해지고 구웠을 때 식감이 좋지 않아요.

3 설탕과 소금을 넣고 가볍게 섞은 후 생크림과 초코칩을 넣고 손으로 뭉친다.

4 뭉친 반죽을 작업대에 올려 놓는다.

5 2겹 접기 하여 결을 만든다.

Tip 3~4번 정도 접으면 반죽에 자연스러운 결이 생깁니다. 접는 횟수가 많아지면 구울 때 무너질 수 있어요.

6 완성된 반죽은 랩이나 비닐로 밀봉하여 냉장고에서 최소 1시간, 최대 하루 휴지시킨다.

7 휴지된 반죽은 두께 3cm의 직사각형으로 잘라 6등분 한다.

8 반죽 윗면에 달걀물을 바른 뒤 180℃로 예열한 오븐에서 20~23분간 굽는다.

Tip 컨벡션오븐 기준입니다. 오븐 열에 따라 온도와 시간은 다를 수 있으니 구움색을 확인하세요.

9 식힘망에서 충분히 식힌다.

Tip 갓 구운 스콘을 바로 자르면 잔열과 수분 때문에 속이 떡져 보일 수 있어요. 한 김 식힌 후 자르도록 합니다.

보관방법 및 주의사항

· 스콘은 구운 당일이 제일 맛있습니다. 밀봉하여 최대 3일까지 실온 보관 가능합니다.

· 장기간 섭취하길 원하는 경우 밀봉하여 냉동 보관해 두었다가 그때그때 꺼내 자연해동 한 후 오븐이나 에어프라이어에 살짝 구워 드세요.

· 스콘 사이즈를 변형해 구울 경우 굽는 시간 또한 조절해 주세요.

Maple Pecan Scone

Level ●●○○

메이플피칸 스콘

알려질 대로 알려져 이미 너무 유명한 올드패션 메이플피칸 스콘. '고급스러운 스콘이 먹고 싶다!' 하면 이 스콘을 추천합니다. 메이플 향의 달짝지근함과 피칸의 고소함, 구수한 통밀향이 느껴지는 이 스콘은 재료부터 고급스러워요. 잼이나 크림은 필요 없습니다. 스콘 한 조각과 커피 한 잔으로 기분 좋은 오후 티타임을 즐겨보세요.

Ingredients

6개 분량

스콘반죽
무염버터 110g
박력분 220g
통밀가루 50g
베이킹파우더 8g
백설탕 30g
소금 2g
우유 80g
노른자 18g

메이플피칸
피칸 90g
메이플시럽 60g
소금 1g

토핑
달걀물(노른자 1개 + 우유 10g)

Check List

◦ 메이플피칸은 미리 만들어 두면 끈적일 수 있으니 사용 15분 전에 만듭니다.
◦ 버터는 사용 전날이나 최소 30분 전에 미리 깍둑썰기하여 냉장 보관합니다.
◦ 우유와 노른자는 함께 계량해 사용 전까지 냉장 보관합니다.
◦ 박력분, 통밀가루, 베이킹파우더는 함께 계량해 미리 체 쳐 준비합니다.
◦ 피칸은 170℃로 예열한 오븐에서 4~5분간 구운 후 식혀 준비합니다.
◦ 스콘은 휴지 시간이 있어요. 오븐은 반죽을 굽기 15분 전 180℃로 예열합니다.
◦ 액체를 넣기 전까지 푸드프로세서 사용이 가능합니다. 손 반죽 시 깊은 볼 보다는 양옆이 넓은 볼을 사용하세요.
◦ 팬에 종이포일 혹은 테프론시트를 깔아 준비합니다.
◦ 스크래퍼와 붓을 준비합니다.

메이플피칸

1 소스팬이나 냄비에 메이플시럽과 소금을 넣고 약불로 끓인다.

2 메이플시럽이 끓기 시작하면 구운 피칸을 넣고 나무주걱이나 실리콘주걱으로 저어가며 졸인다.

3 물기가 없어지고 탄냄새가 나기 시작하면 불을 끈다.

4 테프론시트나 종이포일 위에 간격을 두고 피칸을 조금씩 떨어뜨려 놓는다.

5 15분간 식힌 후 반으로 자른다.

스콘반죽 & 마무리

1 볼에 체 친 박력분, 통밀가루, 베이킹파우더를 넣고 손이나 스크래퍼로 가볍게 섞는다. 이후 깍둑썰기한 버터를 넣는다.

2 작은 알갱이가 될 때까지 스크래퍼로 버터를 빠르게 다진다.

   Tip 최대한 빠르게 진행합니다. 버터가 녹을수록 반죽이 질퍽해지고, 구웠을 때 식감이 좋지 않아요.

3 설탕과 소금을 넣고 손으로 가볍게 섞는다.

4 우유와 노른자를 넣고 섞는다.

5 준비한 메이플피칸을 넣고 가볍게 섞는다.

6 손으로 반죽을 빠르게 6등분 한 후 힘주어 동그랗게 뭉친다.

   Tip 뭉치는 모양으로 구워집니다. 너무 약하게 뭉치면 굽는 과정에서 반죽이 무너질 수 있으니 세게 뭉치세요.

7   6등분 한 반죽은 비닐이나 랩으로 밀봉하여 냉장고에서 최소 1시간, 최대 하루 휴지시킨다.

8   반죽 윗면에 달걀물을 바른 뒤 180℃로 예열한 오븐에서 20~23분간 굽는다.

   Tip 컨벡션오븐 기준입니다. 오븐 열에 따라 온도와 시간은 다를 수 있으니 구움색을 확인하세요.

9   식힘망에서 충분히 식힌다.

   Tip 갓 구운 스콘을 바로 자르면 잔열과 수분 때문에 속이 떡져 보일 수 있어요. 한 김 식힌 후 자르도록 합니다.

보관방법 및 주의사항

• 스콘은 구운 당일이 제일 맛있습니다. 밀봉하여 최대 3일까지 실온 보관 가능합니다.

• 장기간 섭취하길 원하는 경우 밀봉하여 냉동 보관해 두었다가 그때그때 꺼내 자연해동한 후 오븐이나 에어프라이어에 살짝 구워 드세요.

• 스콘 사이즈를 변형해 구울 경우 굽는 시간 또한 조절해 주세요.

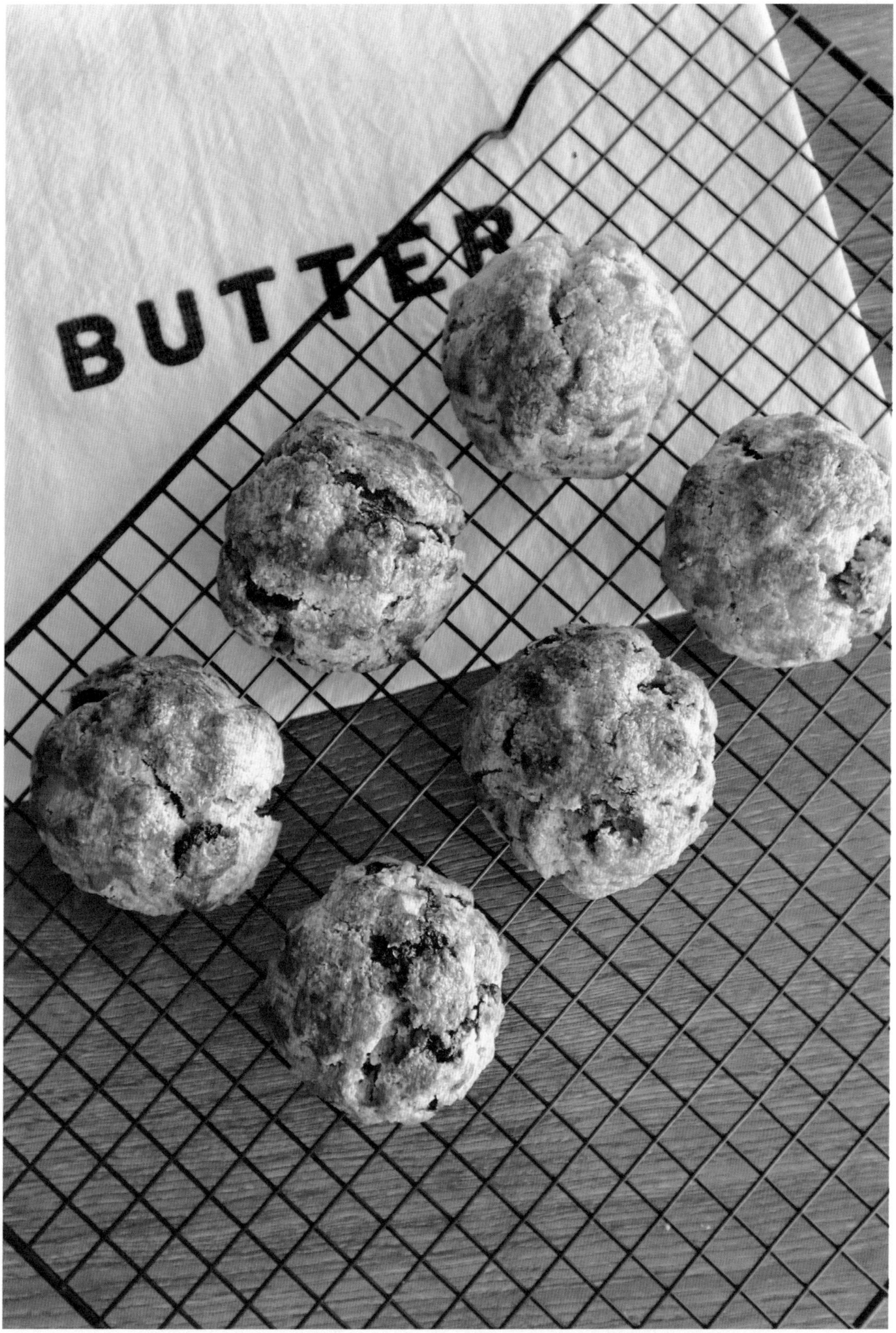
BUTTER

Café Mocha
Scone

카페 모카
스콘

초코칩과 잘 어울리는 스콘입니다. 적당히 촉촉하면서도 묵직한 식감이 특별하게 느껴져요. 윗면에 토핑된 커피글레이즈가 멋스러운 느낌을 주기도 하죠. 흰 우유와 함께 즐겨보세요.

Ingredients

6개 분량

스콘반죽
무염버터 100g
박력분 290g
코코아파우더 15g
베이킹파우더 8g
백설탕 60g
소금 2g
생크림 105g
초코칩 60g

커피글레이즈
슈거파우더 80g
인스턴트커피가루 2g
물 12g

Check List

◦ 버터는 사용 전날이나 최소 30분 전에 미리 깍둑썰기하여 냉장 보관합니다.
◦ 박력분, 코코아파우더, 베이킹파우더는 함께 계량해 미리 체 쳐 준비합니다.
◦ 생크림은 사용 전까지 냉장 보관합니다.
◦ 스콘은 휴지 시간이 있어요. 오븐은 반죽을 굽기 15분 전 180℃로 예열합니다.
◦ 액체를 넣기 전까지 푸드프로세서 사용이 가능합니다. 손 반죽 시 깊은 볼 보다는 양옆이 넓은 볼을 사용하세요.
◦ 팬에 종이포일 혹은 테프론시트를 깔아 준비합니다.
◦ 스크래퍼와 붓을 준비합니다.

<u>스콘반죽</u>	**1** 볼에 체 친 박력분, 코코아파우더, 베이킹파우더를 넣고 섞는다.

2 깍둑썰기한 버터를 넣고 작은 알갱이가 될 때까지 스크래퍼로 버터를 빠르게 다진다.

Tip 최대한 빠르게 진행합니다. 버터가 녹을수록 반죽이 질퍽해지고 구웠을 때 식감이 좋지 않아요.

3 설탕과 소금을 넣고 손으로 가볍게 섞는다.

4 생크림과 초코칩을 넣고 손으로 반죽을 한 덩어리로 빠르게 뭉친다.

5 작업대에 반죽을 올려 놓고 2겹 접기 하여 결을 만든다.

Tip 3~4번 정도 접으면 반죽에 자연스러운 결이 생깁니다. 접는 횟수가 많아지면 구울 때 무너질 수 있어요.

6 완성된 반죽은 랩이나 비닐로 밀봉하여 냉장고에서 최소 1시간, 최대 하루 휴지시킨다.

Tip 두께 3cm 정도의 동그란 모양으로 만들어 휴지시키면 편리합니다. 휴지된 반죽을 피자처럼 자르면 세모 모양이 됩니다.

7 휴지된 반죽은 두께 3cm로 6등분 한 후 달걀물을 발라 180℃로 예열한 오븐에서 20~23분간 굽는다.

Tip 컨벡션오븐 기준입니다. 오븐 열에 따라 온도와 시간은 다를 수 있으니 구움색을 확인하세요.

8 식힘망에서 충분히 식힌다.

커피글레이즈 & 마무리

1 작은 볼에 물과 인스턴트커피가루를 넣고 주걱으로 섞는다. 어느 정도 녹았으면 슈거파우더를 넣고 섞는다.

2 뻑뻑하고 걸쭉한 질감이 되면 완성이다.

   Tip 처음에는 잘 안 섞이고 수분이 모자란 것처럼 느껴지지만, 되직하게 만드는 것이 포인트예요. 수분을 더 첨가하지 마세요.

3 식힌 스콘 위에 커피글레이즈를 붓는다.

   Tip 금박 장식이나 커피가루를 살짝 올려 마무리합니다.

보관방법 및 주의사항

• 스콘은 구운 당일이 제일 맛있습니다. 밀봉하여 최대 3일까지 실온 보관 가능합니다.

• 장기간 섭취하길 원하는 경우 밀봉하여 냉동 보관해 두었다가 그때그때 꺼내 자연해동한 후 오븐이나 에어프라이어에 살짝 구워 드세요.

• 스콘 사이즈를 변형해 구울 경우 굽는 시간 또한 조절해 주세요.

Part 3

FINANCIER MADELEINE

—

휘낭시에와 마들렌

Plain
Financier

플레인
휘낭시에

휘낭시에는 버터를 태워 만든 구움과자로, 금괴처럼 생겼다고 해서 붙여진 이름입니다. 저는 플레인 휘낭시에를 가장 좋아하는데요. 디저트는 우선적으로 기본을 잘 만드는 게 중요하다고 생각해요. 그 기본 배합이 맛있으면 응용은 얼마든지 가능하니까요.

휘낭시에는 무조건 만든 당일에 먹곤 했던 제가, 다음 날까지도 맛있었으면 좋겠다는 생각으로 개발한 레시피입니다. 만든 직후엔 겉이 바삭하지만 시간이 지날수록 버터 향은 진해지고 속은 더욱 쫀득해집니다.

Ingredients

깊은 틀 12개 분량

헤이즐넛버터
무염버터 125g

휘낭시에반죽
흰자 130g
박력분 55g
아몬드가루 55g
베이킹파우더 1g
백설탕 100g
꿀 20g
소금 1g
바닐라익스트랙 3g

Check List

∘ 헤이즐넛버터의 온도는 45~55℃ 사이로 사용합니다.
∘ 흰자는 실온에 꺼내 두어 찬기 없이 사용합니다.
∘ 박력분, 아몬드가루, 베이킹파우더는 함께 계량해 미리 체 쳐 준비합니다.
∘ 틀에 버터를 발라 준비합니다.
∘ 오븐은 반죽을 굽기 15분 전 180℃로 예열합니다.
∘ 짤주머니를 준비합니다.

헤이즐넛버터

1 냄비에 버터를 넣고 중불로 끓인다.

2 버터가 서서히 녹기 시작하면 약불로 줄여 나무주걱이나 실리콘주걱으로 저어가며 끓인다.

3 버터가 연한 갈색으로 변하기 시작하면 불을 끈다.

   Tip 순식간에 버터가 타버릴 수 있으니 주의하세요.

4 완성된 헤이즐넛버터는 체에 한 번 걸러 새 볼에 옮겨 담은 후 적정온도 (45~55℃)가 되면 사용한다.

   Tip 계속 냄비에 두면 열이 내리지 않아 더 타버릴 수 있어요.

   Tip 찌꺼기를 체에 거르게 되면 수분이 날아가 약 15% 정도의 손실이 발생합니다. 예를 들어 버터 125g을 태울 경우 약 105~110g의 헤이즐넛버터가 완성됩니다.

휘낭시에반죽 & 마무리

1 볼에 흰자, 설탕, 꿀, 소금, 바닐라익스트랙을 넣고 손거품기로 1분간 섞는다.

2 체 친 박력분, 아몬드가루, 베이킹파우더를 넣고 가루가 보이지 않을 정도로 섞는다.

3 헤이즐넛버터를 2회에 나눠 넣으며 섞는다.

Tip 헤이즐넛버터의 온도는 45~55℃ 사이를 유지합니다.

4 완성된 반죽은 짤주머니에 옮겨 담아 최소 1시간 이상 냉장 보관한다.

Tip 반죽은 24시간 안에 사용하세요.

5   버터를 바른 틀에 반죽을 담고 180℃로 예열한 오븐에서 13~14분간 굽는다.

    <u>Tip</u> 틀의 80~90% 정도 채웁니다. 틀 사이즈에 따라 개수와 굽는 시간이 다를 수 있습니다.

6   완성된 휘낭시에는 틀에서 제거해 식힘망에서 식힌다.

    <u>Tip</u> 뜨거운 휘낭시에는 열 때문에 바삭하지 않아요. 식힘망에서 최소 10분 이상 식혀야 겉이 바삭해집니다.

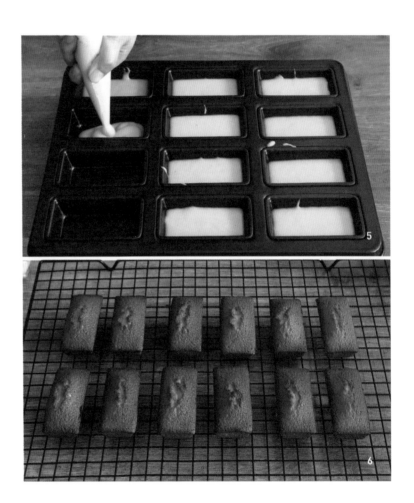

보관방법 및 주의사항

- 밀봉하여 최대 5일까지 실온 보관 가능하며, 이 과정에서 수분이 퍼지며 점점 쫀득하고 촉촉해집니다.
- 냉동 보관 시 최대 2주까지 보관 가능합니다.
- 휘낭시에 틀은 브랜드마다 모양과 깊이가 다르기 때문에 굽는 시간에 차이가 있을 수 있어요. 구움색을 확인하는 습관을 갖는 것이 좋습니다.

Maple Pecan Financier

Level ●●○○

메이플피칸 휘낭시에

메이플 향이 솔솔 올라오는 휘낭시에입니다. 속은 쫀득하고 메이플피칸 토핑은 바삭해서 재미있는 식감을 느낄 수 있답니다. 카페에서 판매해도 좋고 가까운 지인들에게 선물해도 좋아요.

Ingredients

깊은 틀 12개 분량

헤이즐넛버터
무염버터 120g

휘낭시에반죽
흰자 125g
박력분 55g
아몬드가루 50g
베이킹파우더 1g
백설탕 90g
소금 1g
메이플시럽 20g

메이플피칸
피칸 90g
소금 1g
메이플시럽 60g

Check List

◦ 헤이즐넛버터는 112쪽을 참고해 미리 만들어 준비합니다.
◦ 메이플피칸은 미리 만들어 두면 끈적일 수 있으니 사용 15분 전에 만들어 준비합니다.
◦ 흰자는 실온에 꺼내 두어 찬기 없이 사용합니다.
◦ 박력분, 아몬드가루, 베이킹파우더는 함께 계량해 미리 체 쳐 준비합니다.
◦ 피칸은 170℃로 예열한 오븐에서 4~5분간 구워 준비합니다.
◦ 틀에 버터를 발라 준비합니다.
◦ 오븐은 반죽을 굽기 15분 전 180℃로 예열합니다.
◦ 종이포일 혹은 테프론시트, 짤주머니를 준비합니다.

휘낭시에반죽

1 볼에 흰자와 설탕, 소금, 메이플시럽을 넣고 손거품기로 1분간 섞는다.

2 체 친 박력분, 아몬드가루, 베이킹파우더를 넣고 손거품기로 가루가 보이지 않을 정도로 섞는다.

3 헤이즐넛버터를 2회에 나눠 넣으며 섞는다.
   Tip 헤이즐넛버터의 온도는 45~55℃ 사이를 유지합니다.

4 완성된 반죽은 짤주머니에 옮겨 담아 최소 1시간 이상 냉장 보관한다.
   Tip 반죽은 24시간 안에 사용하세요.

메이플피칸 & 마무리

1. 냄비에 메이플시럽과 소금을 넣고 약불로 끓인다.

2. 메이플시럽이 끓기 시작하면 구운 피칸을 넣고 나무주걱이나 실리콘주걱으로 계속 저어가며 끓인다.

3. 시럽이 보이지 않고 탄 냄새가 나기 시작하면 불을 끈다.

4. 테프론시트나 종이포일 위에 피칸이 서로 붙지 않게 조금씩 떨어뜨려 놓는다.

5. 15분간 식힌 후 3등분으로 잘라 사용한다.

6 버터를 바른 팬에 반죽을 담은 후 메이플피칸을 올려 180℃로 예열한 오븐에서 13~14분간 굽는다.

    Tip 틀의 80~90% 정도 채웁니다. 틀 사이즈에 따라 개수와 굽는 시간이 다를 수 있습니다.

7 완성된 휘낭시에는 틀에서 제거해 식힘망에서 식힌다.

    Tip 뜨거운 휘낭시에는 열 때문에 바삭하지 않아요. 식힘망에서 최소 10분 이상 식혀야 겉이 바삭해집니다.

보관방법 및 주의사항

- 밀봉하여 최대 5일까지 실온 보관 가능하며, 이 과정에서 수분이 퍼지며 점점 쫀득하고 촉촉해집니다.
- 냉동 보관 시 최대 2주까지 보관 가능합니다.
- 휘낭시에 틀은 브랜드마다 모양과 깊이가 다르기 때문에 굽는 시간에 차이가 있을 수 있어요. 구움색을 확인하는 습관을 갖는 것이 좋습니다.

Cheddar Cheese Crumble
Financier

황치즈크럼블
휘낭시에

단맛과 짠맛이 동시에 느껴져 한번 먹으면 좀처럼 멈추기 힘든 휘낭시에입니다. 겉부분에 크럼블이 올라가 과자처럼 바삭한 식감을 느낄 수 있고 속은 쫀득하고 촉촉해 부드럽게 즐길 수 있습니다.

Ingredients

깊은 틀 12개 분량

헤이즐넛버터
무염버터 120g

휘낭시에반죽
흰자 120g
박력분 52g
아몬드가루 30g
황치즈파우더 30g
베이킹파우더 1g
파마산치즈가루 12g
백설탕 95g
소금 1g
꿀 15g

황치즈크럼블
무염버터 30g
박력분 60g
황치즈가루 10g
백설탕 30g
소금 한 꼬집

Check List

◦ 헤이즐넛버터는 112쪽을 참고해 미리 만들어 준비합니다.
◦ 황치즈크럼블→헤이즐넛버터→휘낭시에반죽 순서로 작업합니다.
◦ 흰자는 실온에 꺼내 두어 찬기 없이 사용합니다.
◦ 박력분, 아몬드가루, 황치즈파우더, 베이킹파우더는 함께 계량해 미리 체쳐 준비합니다.
◦ 크럼블용 버터는 실온에 두어 찬기 없이 사용합니다.
◦ 크럼블용 박력분, 황치즈가루, 파마산치즈가루는 함께 계량해 미리 체 쳐 준비합니다.
◦ 틀에 버터를 발라 준비합니다.
◦ 오븐은 반죽을 굽기 15분 전 180℃로 예열합니다.
◦ 짤주머니를 준비합니다.

황치즈크럼블

1   볼에 버터, 설탕, 소금을 넣고 주걱이나 손거품기로 섞는다.

2   체 친 박력분과 황치즈가루를 넣고 섞는다.

3   손으로 뭉쳐 크럼블 모양을 만들고 사용 전까지 냉동 보관한다.

휘낭시에반죽 & 마무리

1 볼에 흰자와 설탕, 소금, 꿀을 넣고 손거품기로 1분간 섞는다.

2 체 친 박력분, 아몬드가루, 황치즈파우더, 베이킹파우더와 파마산치즈가루를 넣고 가루가 보이지 않을 정도로 섞는다.

3 헤이즐넛버터를 2회에 나눠 넣으며 섞는다.
   Tip 헤이즐넛버터의 온도는 45~55℃ 사이를 유지합니다.

4 완성된 반죽은 짤주머니에 옮겨 담아 최소 1시간 이상 냉장 보관한다.
   Tip 반죽은 24시간 안에 사용하세요.

5 버터를 바른 틀에 반죽을 담은 후 황치즈크럼블을 올려 180℃로 예열한 오
 븐에서 13~14분간 굽는다.

　Tip 틀의 80~90% 정도 채웁니다. 틀 사이즈에 따라 개수와 굽는 시간이 다를 수 있
 습니다.

6 완성된 휘낭시에는 틀에서 제거해 식힘망에서 식힌다.

　Tip 뜨거운 휘낭시에는 열 때문에 바삭하지 않아요. 식힘망에서 최소 10분 이상 식혀
 야 겉이 바삭해집니다.

보관방법 및 주의사항

· 밀봉하여 최대 5일까지 실온 보관 가능하며, 이 과정에서 수분이 퍼지며 점점 쫀득하고
 촉촉해집니다.

· 냉동 보관 시 최대 2주까지 보관 가능합니다.

· 휘낭시에 틀은 브랜드마다 모양과 깊이가 다르기 때문에 굽는 시간에 차이가 있을 수 있
 어요. 구움색을 확인하는 습관을 갖는 것이 좋습니다.

Chestnut Financier

밤
휘낭시에

밤페이스트와 보늬밤이 들어가 더욱 특별하고 고급스러운 디저트예요. 시간이 지날수록 올라오는 은은한 밤 풍미에 기분이 좋아지고 오독오독 씹히는 밤 식감이 매력적인 휘낭시에입니다. 홍차와 함께 즐기면 더욱 맛있습니다.

Ingredients

12개 분량

헤이즐넛버터
무염버터 120g

휘낭시에반죽
흰자 125g
박력분 55g
아몬드가루 50g
베이킹파우더 1g
밤페이스트 40g
백설탕 90g
소금 1g
꿀 10g

토핑
밤조림(혹은 보늬밤조림) 6알

Check List

- 헤이즐넛버터는 112쪽을 참고해 미리 만들어 준비합니다.
- 흰자와 밤페이스트는 실온에 꺼내 두어 찬기 없이 사용합니다.
- 박력분, 아몬드가루, 베이킹파우더는 함께 계량해 미리 체 쳐 준비합니다.
- 밤조림은 크기에 따라 2등분 혹은 4등분으로 잘라 준비합니다.
- 틀에 버터를 발라 준비합니다.
- 오븐은 반죽을 굽기 15분 전 180℃로 예열합니다.

휘낭시에반죽 & 마무리

1   볼에 흰자와 설탕, 소금, 꿀, 밤페이스트를 넣고 손거품기로 1분간 섞는다.

2   체 친 박력분, 아몬드가루, 베이킹파우더를 넣고 가루가 보이지 않을 정도로 섞는다.

3   헤이즐넛버터를 2회에 나눠 넣으며 섞는다.
     Tip   헤이즐넛버터의 온도는 45~55℃ 사이를 유지합니다.

4   완성된 반죽은 짤주머니에 옮겨 담아 최소 1시간 이상 냉장 보관한다.
     Tip   반죽은 24시간 안에 사용하세요.

5   버터를 바른 팬에 반죽을 담은 후 토핑용 밤조림을 올려 180℃로 예열한 오븐에서 13~14분간 굽는다.
     Tip   틀의 80~90% 정도 채웁니다. 틀 사이즈에 따라 개수와 굽는 시간이 다를 수 있습니다.

6   완성된 휘낭시에는 틀에서 제거해 식힘망에서 식힌다.
     Tip   뜨거운 휘낭시에는 열 때문에 바삭하지 않아요. 식힘망에서 최소 10분 이상 식혀야 겉이 바삭해집니다.

보관방법 및 주의사항

- 밀봉하여 최대 5일까지 실온 보관 가능하며, 이 과정에서 수분이 퍼지며 점점 쫀득하고 촉촉해집니다.
- 냉동 보관 시 최대 2주까지 보관 가능합니다.
- 휘낭시에 틀은 브랜드마다 모양과 깊이가 다르기 때문에 굽는 시간에 차이가 있을 수 있어요. 구움색을 확인하는 습관을 갖는 것이 좋습니다.

Lemon
Madeleine

레몬
마들렌

마들렌은 프랑스의 대표적인 구움과자 중 하나입니다. 그중 레몬 마들렌은
마들렌 중에서도 가장 기본적인 마들렌으로, 쉬운 공정에 비해 근사한 구움
과자랍니다. 홍차에 곁들여 보세요. 마들렌의 상큼하고 부드러운 온기가 지
친 마음에 힘이 되어 줄 거예요.

Ingredients

깊은 틀 9~10개 분량

마들렌반죽
무염버터 85g
달걀 90g
박력분 90g
베이킹파우더 4g
아몬드가루 15g
백설탕 80g
소금 1g
꿀 10g
레몬제스트 6g
레몬즙 15g
바닐라익스트랙 2g

레몬글레이즈
슈거파우더 50g
레몬즙 13g

토핑
레몬제스트 1g

Check List

◦ 레몬글레이즈는 마무리 단계에서 만듭니다.
◦ 버터는 전자레인지에 녹이거나 중탕하여 40~55℃ 사이로 준비합니다.
◦ 달걀은 실온에 꺼내 두어 찬기 없이 사용합니다.
◦ 박력분, 베이킹파우더, 아몬드가루는 함께 계량해 미리 체 쳐 준비합니다.
◦ 레몬은 과일세척제, 베이킹소다, 굵은 소금 등을 활용해 최소 2회 이상 세척
  한 후 물기를 제거해 준비합니다.
◦ 틀에 버터+중력분을 발라 준비합니다.
◦ 오븐은 반죽을 굽기 15분 전 180℃로 예열합니다.
◦ 제스터, 스퀴저, 붓, 짤주머니를 준비합니다.

마들렌반죽 & 마무리

1 제스터로 레몬의 껍질을 긁어 레몬제스트를 만든다. 이후 반으로 잘라 스퀴저로 짜 레몬즙을 만든다.

Tip 레몬 껍질의 노란 부분만 긁어내 주세요. 흰 부분은 쓰고 떫은 맛이 날 수 있습니다.

Tip 토핑용 레몬제스트도 이때 미리 만들어 둡니다.

2 볼에 달걀과 설탕, 꿀, 소금, 레몬제스트, 바닐라익스트랙을 넣고 손거품기로 1분간 섞는다.

3 체 친 박력분, 베이킹파우더와 아몬드가루를 넣고 30초간 섞는다.

4 녹인 버터와 레몬즙을 넣고 섞는다.

5 완성된 반죽은 짤주머니에 옮겨 담아 최소 1시간 이상 냉장 보관한다.

Tip 반죽은 24시간 안에 사용하세요.

6 틀에 반죽을 담은 후 180℃로 예열한 오븐에서 7분간 굽는다. 이후 170℃로 낮추고 팬 방향을 돌려 6~7분간 더 굽는다.

Tip 틀의 80~90% 정도 채웁니다. 틀 사이즈에 따라 개수와 굽는 시간이 다를 수 있습니다.

7 구운 마들렌은 틀에서 제거해 식힘망에서 식힌다. 그동안 슈거파우더와 레몬즙을 섞어 레몬글레이즈를 만든다.

Tip 오븐은 160℃로 온도를 낮추고 계속 켜둡니다.

8 붓으로 마들렌 앞뒤에 레몬글레이즈를 바른 후 1분간 더 굽는다.

Tip 마들렌을 비스듬히 세워 굽습니다.

9 완성된 마들렌 위에 토핑용 레몬제스트를 올린 후 겉이 마를 때까지 그대로 식힌다.

보관방법 및 주의사항

• 컨벡션오븐은 바람이 강해 굽는 과정에서 반죽이 휠 수 있어요. 중간중간 팬 방향을 바꿔주는 것이 좋습니다.

• 마들렌 틀은 브랜드마다 모양과 깊이가 다르기 때문에 굽는 시간에 차이가 있을 수 있어요. 구움색을 확인하는 습관을 갖는 것이 좋습니다.

• 완성된 마들렌은 밀봉하여 최대 5일까지 실온 보관 가능합니다.

Pistachio Ganache
Madeleine

피스타치오가나슈
마들렌

피스타치오가나슈 마들렌은 제가 가장 좋아하는 마들렌 중 하나입니다. 고
소함이 매력적인, 고급스러운 디저트예요. 좋아하는 재료로 만들어서인지
소중한 지인들에게 선물하게 되더라고요. 인공적인 피스타치오의 맛이 아
닌 천연 그대로의 맛을 느껴보세요.

Ingredients

깊은 틀 9~10개 분량

마들렌반죽
무염버터 100g
달걀 95g
박력분 90g
베이킹파우더 4g
피스타치오 40g
백설탕 68g
소금 1g
꿀 20g
생크림 25g
바닐라익스트랙 2g

피스타치오가나슈
생크림 80g
화이트커버춰초콜릿 58g
피스타치오페이스트 30g

우유글레이즈
슈거파우더 30g
우유 10g

토핑
피스타치오분태 약간(생략 가능)

Check List

◦ 피스타치오가나슈→마들렌반죽→우유글레이즈 순서로 작업합니다.
◦ 피스타치오가나슈는 하루 전에 미리 만들어 냉장 보관합니다. 당일 만들 경
  우, 최소 4시간 이상 냉장 보관합니다.
◦ 우유글레이즈는 마무리 단계에서 만듭니다.
◦ 피스타치오가나슈용 생크림은 전자레인지에 데워 따뜻하게 준비합니다.
◦ 반죽용 버터와 생크림은 각각 전자레인지에 녹이거나 중탕하여 40~55℃ 사
  이로 준비합니다.
◦ 달걀은 실온에 꺼내 두어 찬기 없이 사용합니다.
◦ 박력분과 베이킹파우더는 함께 계량해 미리 체 쳐 준비합니다.
◦ 피스타치오는 170℃로 예열한 오븐에서 4~5분간 구워 식혀 준비합니다.
◦ 틀에 버터+중력분을 발라 준비합니다.
◦ 오븐은 반죽을 굽기 15분 전 180℃로 예열합니다.
◦ 푸드프로세서, 핸드블랜더, 붓, 짤주머니, 애플코러(사과 씨 제거기)를 준비
  합니다.

피스타치오가나슈

1 따뜻하게 데운 생크림에 화이트커버춰초콜릿을 넣고 함께 녹인다.

   Tip 따뜻한 생크림에 초콜릿을 넣고 1분간 두면 초콜릿에 열이 골고루 전달됩니다. 그래도 녹지 않으면 전자레인지에 10초씩 끊어 돌리며 상태를 확인합니다.

2 피스타치오페이스트를 넣고 주걱으로 섞는다.

3 핸드블랜더를 사용하여 재료들이 잘 섞일 수 있도록 30초간 유화시킨다.

4 완성된 피스타치오가나슈는 랩으로 밀봉하여 최소 3시간 이상 냉장 보관한다.

   Tip 피스타치오가나슈는 하루 전에 미리 만들어 두면 편리합니다.

5 사용 전 차가운 가나슈를 핸드믹서나 손거품기로 가볍게 휘핑하여 되직하게 만든다.

   Tip 양이 적은 가나슈는 깊은 볼에 넣고 핸드믹서 날 1개로 휘핑하는 게 훨씬 효율적입니다. 금세 단단해지니 오버휘핑하지 않도록 주의하세요.

   Tip 사용하는 페이스트와 생크림에 따라 가나슈의 농도가 다를 수 있습니다. 가나슈가 단단한 경우 휘핑을 생략해 주세요.

6 짤주머니에 옮겨 담아 사용한다.

마들렌반죽

1 블랜더나 푸드프로세서에 구운 피스타치오 40g 중 20g만 넣고 갈아 피스타치오가루를 만든다.

   Tip 나머지 20g은 칼로 다져서 분태로 만들어 준비합니다.

2 볼에 달걀과 설탕, 소금, 꿀, 바닐라익스트랙을 넣고 손거품기로 1분간 섞는다.

3 1의 피스타치오가루와 체 친 박력분, 베이킹파우더를 넣고 30초간 섞는다.

4 녹인 버터를 넣고 재료가 서로 잘 섞일 때까지 섞는다.

5 따뜻하게 데운 생크림을 넣고 섞는다.

6 완성된 반죽은 짤주머니에 옮겨 담아 최소 1시간 이상 냉장 보관한다.

   Tip 반죽은 24시간 안에 사용하세요.

마무리

1 틀에 반죽을 80~90% 정도 담는다. 준비한 피스타치오분태를 올리고 180℃로 예열한 오븐에서 7분간 굽는다. 이후 170℃로 온도를 낮추고 팬 방향을 돌려 6~7분간 더 굽는다.

Tip 마들렌은 굽는 과정에서 가운데 부분이 부풉니다. 피스타치오분태는 가운데를 제외한 주변으로 올려주세요.

2 구운 마들렌은 틀에서 제거해 옆으로 돌려 식힌다. 1분 뒤 다시 방향을 바꿔 식힌다.

3 슈거파우더와 우유를 섞어 우유글레이즈를 만든다. 이후 붓으로 마들렌 한쪽 면에 글레이즈를 발라 굳힌다.

4 애플코러로 마들렌의 부풀어 오른 부분에 구멍을 낸다.

Tip 애플코러 대신 원형크림깍지, 젓가락, 빨대 등의 도구를 사용해도 괜찮습니다.
Tip 이 과정에서 차게 보관한 가나슈를 휘핑해 줍니다.

5 구멍에 피스타치오가나슈를 채우고 취향에 따라 피스타치오분태를 올려 마무리한다.

보관방법 및 주의사항

• 컨벡션오븐은 바람이 강해 굽는 과정에서 반죽이 휠 수 있어요. 중간중간 팬 방향을 바꿔주는 것이 좋습니다.

• 마들렌 틀은 브랜드마다 모양과 깊이가 다르기 때문에 굽는 시간에 차이가 있을 수 있어요. 구움색을 확인하는 습관을 갖는 것이 좋습니다.

• 날이 더우면 가나슈크림이 녹을 수 있으니 냉장 보관합니다.

• 가나슈가 들어간 마들렌은 3일 내에 먹는 것이 좋습니다.

Mugwort Ganache Madeleine

쑥가나슈 마들렌

최근 쑥을 이용한 디저트가 정말 다양해졌어요. 쑥은 호불호가 있지만 두터운 마니아층을 이룰 만큼 인기있는 재료입니다. 쑥가나슈 마들렌은 한국적인 재료인 쑥을 사용해 만든 고급스러운 마들렌이에요. 달콤한 가나슈가 쑥의 쌉싸름한 맛을 보완해 전체적인 밸런스가 좋은 마들렌입니다.

Ingredients

9~10개 분량

마들렌반죽
무염버터 90g
달걀 90g
박력분 90g
쑥가루 15g
베이킹파우더 4g
아몬드가루 10g
백설탕 70g
소금 1g
꿀 10g
생크림 25g

쑥가나슈
생크림 80g
화이트커버춰초콜릿 60g
쑥가루 5g

쑥글레이즈
슈거파우더 30g
우유 10g
쑥가루 1g

토핑
볶은 콩가루 10g

Check List

◦ 쑥가나슈→마들렌반죽→쑥글레이즈 순서로 작업합니다.
◦ 쑥가나슈는 하루 전에 미리 만들어 놓아도 괜찮습니다.
◦ 쑥글레이즈는 마무리 단계에서 만듭니다.
◦ 쑥가나슈용 생크림은 중탕하여 80℃로 사용합니다.
◦ 버터는 전자레인지에 녹이거나 중탕하여 40~55℃ 사이로 사용합니다.
◦ 달걀은 실온에 꺼내 두어 찬기 없이 사용합니다.
◦ 박력분, 쑥가루, 베이킹파우더, 아몬드가루는 함께 계량해 미리 체 쳐 준비합니다.
◦ 틀에 버터+중력분을 발라 준비합니다.
◦ 오븐은 반죽을 굽기 15분 전 180℃로 예열합니다.
◦ 핸드블랜더, 붓, 짤주머니, 애플코러(사과 씨 제거기)를 준비합니다.

쑥가나슈

1 따뜻하게 데운 생크림에 화이트커버춰초콜릿을 넣고 주걱으로 저어가며 녹인다.

   Tip 따뜻한 생크림에 초콜릿을 넣고 1분간 두면 초콜릿에 열이 골고루 전달됩니다. 그래도 녹지 않으면 전자레인지에 10초씩 끊어 돌리며 상태를 확인합니다.

2 1에 쑥가루를 넣고 핸드블랜더로 재료들이 잘 섞일 수 있도록 30초간 유화시킨다.

   Tip 이때의 온도는 35~40℃ 사이가 적절합니다.

3 랩으로 밀봉하여 최소 4시간 이상 냉장 보관한다.

   Tip 사용 전 핸드믹서나 손거품기로 가볍게 휘핑하여 되직하게 사용하세요(피스타치오가나슈 참고).

마들렌반죽

1 볼에 달걀, 설탕, 소금, 꿀, 생크림을 넣고 손거품기로 1분간 섞는다.

2 체 친 박력분, 쑥가루, 베이킹파우더와 아몬드가루를 넣고 가루가 보이지 않을 정도로 가볍게 섞는다.

3 녹인 버터를 넣고 섞는다.

   Tip 버터의 온도는 40~55℃ 사이로 사용하며 버터가 보이지 않을 정도로만 섞어주세요.

4 완성된 반죽은 짤주머니에 옮겨 담아 최소 1시간 이상 냉장 보관한다.

   Tip 반죽은 24시간 안에 사용하세요.

마무리

1 틀에 반죽을 담고 180℃로 예열한 오븐에서 8분간 굽는다. 이후 170℃로 온도를 낮춰 팬 방향을 바꾼 후 5분간 더 굽는다.

Tip 틀의 80~90% 정도 채웁니다. 틀 사이즈에 따라 개수와 굽는 시간이 다를 수 있습니다.

2 구운 마들렌은 틀에서 제거해 옆으로 돌려 식힌다. 1분 뒤 방향을 바꿔 식힌다.

3 슈거파우더에 우유와 쑥가루를 섞어 쑥글레이즈를 만든다.

4 붓으로 식힌 마들렌 앞부분에 3을 바른다.

5 애플코러로 마들렌의 부풀어 오른 부분에 구멍을 낸다.

Tip 애플코러 대신 원형크림깍지, 젓가락, 빨대 등의 도구를 사용해도 괜찮습니다.

6 구멍에 차가운 쑥가나슈를 채운다.

Tip 가나슈는 사용직전 가볍게 휘핑하여 사용합니다.

7 쑥가나슈가 묻은 부분에 볶은 콩가루를 묻혀 마무리한다.

보관방법 및 주의사항

• 컨벡션오븐은 바람이 강해 굽는 과정에서 반죽이 휠 수 있어요. 중간중간 팬 방향을 바꿔주는 것이 좋습니다.

• 마들렌 틀은 브랜드마다 모양과 깊이가 다르기 때문에 굽는 시간에 차이가 있을 수 있어요. 구움색을 확인하는 습관을 갖는 것이 좋습니다.

• 날이 더우면 가나슈크림이 녹을 수 있으니 냉장 보관합니다.

• 가나슈가 들어간 마들렌은 3일 내에 먹는 것이 좋습니다.

Part 4

POUND CAKE
MUFFIN

—

파운드케이크와 머핀

Almond Mable Chocolate Pound Cake

Level ●●●○

아몬드 마블 초코
파운드케이크

추운 계절이 다가오면 아몬드 마블 초코 파운드케이크가 생각납니다. 초코가 뒤섞인 반죽을 보면 왠지 밤 사이 쌓인 눈이 떠올라요. 화려한 비주얼과 복잡한 공정일지라도 겁먹지 마세요. 차근차근 따라 하면 누구나 어렵지 않게 만들 수 있습니다. 하루 정도 숙성해 두었다 따뜻한 우유와 함께 먹으면 더욱 맛있어요.

Ingredients

번트팬 6컵 1개 분량
오란다대틀(155×75×65mm) 2개 분량

파운드케이크반죽
무염버터 200g
달걀 180g
박력분 200g
아몬드가루 60g
베이킹파우더 8g
코코아파우더 15g
백설탕 195g
소금 2g
우유 80g
바닐라익스트랙 4g
다크커버춰초콜릿 80g

아몬드초코글레이즈
다크커버춰초콜릿 160g
식물성오일 25g
아몬드 40g

Check List

◦ 아몬드초코글레이즈는 사용 직전에 만듭니다.
◦ 버터와 달걀은 실온에 꺼내 두어 찬기 없이 사용합니다.
◦ 달걀은 미리 풀어 준비합니다.
◦ 박력분, 아몬드가루, 베이킹파우더는 함께 계량해 미리 체 쳐 준비합니다.
◦ 우유는 따뜻하게 데워 40~50℃ 사이로 사용합니다.
◦ 반죽용 다크커버춰초콜릿은 전자레인지에 녹이거나 중탕하여 준비합니다.
◦ 틀에 버터+중력분을 발라 준비합니다.
◦ 오븐은 반죽을 굽기 15분 전 175℃로 예열합니다.
◦ 짤주머니를 준비합니다.

파운드케이크반죽

1 볼에 버터, 설탕, 소금을 넣고 핸드믹서 중속으로 1분간 섞는다.

2 달걀과 바닐라익스트랙을 6~7회에 나눠 넣으며 고속으로 섞는다.
Tip 달걀을 새로 넣을 때마다 반드시 주걱으로 볼 벽면을 깔끔하게 정리합니다.

3 체 친 박력분, 아몬드가루, 베이킹파우더를 넣고 주걱으로 가루가 보이지 않을 정도로 섞는다.
Tip 과하게 섞으면 글루텐이 생겨 식감이 좋지 않아요. 가루가 보이지 않을 정도로만 섞으세요.

4 따뜻하게 데운 우유를 넣고 섞는다.

5 완성된 반죽을 반으로 나눠 각각 다른 볼에 담는다.

6 한 쪽 반죽에 녹인 다크커버춰초콜릿과 코코아파우더를 넣고 주걱으로 섞는다.

7 두 반죽을 각각 짤주머니에 담아 틀에 한 줄씩 번갈아가며 담는다.

8 주걱으로 반죽 윗부분을 다듬고 175℃로 예열한 오븐에서 50분간 굽는다.

Tip 틀 사이즈가 다르다면 굽는 시간 또한 달라집니다. 사용하는 오븐에 따라 굽는 온도도 달라질 수 있어요.

9 구운 파운드케이크는 틀에서 제거해 식힘망에서 식힌다.

아몬드초코글레이즈 & 마무리

1 아몬드는 170℃로 예열한 오븐에서 구워 식힌 후 칼로 잘게 다진다.

Tip 통아몬드는 5분, 슬라이스 아몬드는 2~3분간 굽습니다.

2 내열용기에 다크커버춰초콜릿을 넣고 전자레인지에 녹이거나 중탕하여 41~43℃ 사이로 준비한다.

3 2에 식물성오일과 다진 아몬드를 넣고 섞어 글레이즈를 완성한다.

4 식힌 파운드케이크 위에 3을 골고루 붓는다.

Tip 식힘망 아래 유산지를 깔거나 바트를 받쳐 두면 깔끔하게 정리할 수 있습니다.

보관방법 및 주의사항

• 글레이즈를 부은 파운드케이크는 글레이즈가 충분히 굳은 후 포장해 주세요.

• 파운드케이크 반죽은 다양한 틀로 응용하여 만들 수 있습니다.

• 밀봉 보관하여 실온에서 하루 정도 숙성한 뒤 먹으면 더욱 촉촉합니다.

• 최대 5일까지 실온 보관 가능합니다.

Lemon
Pound Cake

레몬
파운드케이크

상큼한 레몬글레이즈가 듬뿍 올라간 촉촉하고 묵직한 케이크예요. 살짝 무게감 있는 식감이지만 사워크림이 들어가 촉촉하고 부드러워요. 사계절 중 특히 여름에 어울리는 파운드케이크입니다.

Ingredients

오란다대틀(155×75×65mm) 2개 분량

파운드케이크반죽
무염버터 190g
달걀 175g
박력분 200g
베이킹파우더 7g
백설탕 185g
소금 2g
바닐라익스트랙 4g
사워크림 75g
레몬제스트 8g
레몬즙 38g

레몬글레이즈
슈거파우더 150g
레몬즙 35g

토핑
피스타치오분태 약간(생략 가능)

Check List

◦ 레몬글레이즈는 사용 직전 마무리 단계에서 만듭니다.
◦ 버터, 달걀, 사워크림은 실온에 꺼내 두어 찬기 없이 사용합니다.
◦ 달걀은 미리 풀어 준비합니다.
◦ 박력분과 베이킹파우더는 함께 계량해 미리 체 쳐 준비합니다.
◦ 레몬은 과일세척제, 베이킹소다, 굵은 소금 등을 활용하여 최소 2회 이상 세척합니다.
◦ 틀에 종이포일을 부착하거나 버터+중력분을 발라 준비합니다.
◦ 오븐은 반죽을 굽기 15분 전 170℃로 예열합니다.
◦ 제스터와 스퀴저를 준비합니다.

파운드케이크반죽

1 제스터로 레몬 껍질을 긁어 레몬제스트를 만든 후 설탕과 섞는다.

Tip 세척한 레몬은 반드시 물기를 제거한 뒤 사용합니다.

Tip 레몬 껍질의 노란 부분만 긁어주세요. 흰 부분은 쓰고 떫은 맛이 날 수 있습니다.

2 레몬을 반으로 자른 후 스퀴저로 짜 레몬즙을 만든다.

Tip 이때 글레이즈용 레몬즙도 함께 짜서 준비합니다.

3 볼에 1과 버터, 소금을 넣고 핸드믹서 중속으로 1분간 섞는다.

4 주걱으로 볼 벽면을 깨끗하게 정리한다.

5 달걀과 바닐라익스트랙을 6~7회에 나눠 넣으며 핸드믹서 고속으로 섞는다.

Tip 달걀을 새로 넣을 때마다 반드시 주걱으로 볼 벽면을 깔끔하게 정리합니다.

6 체 친 박력분과 베이킹파우더를 넣고 주걱으로 살살 섞는다.

Tip 과하게 섞으면 글루텐이 생겨 식감이 좋지 않아요. 가루가 보이지 않을 정도로만 섞으세요.

7 2의 레몬즙과 사워크림을 넣고 매끈한 반죽이 될 정도로 섞는다.

마무리

1 틀에 반죽을 담고 170℃로 예열한 오븐에서 40분간 굽는다.

Tip 컨벡션오븐 기준입니다. 오븐 열에 따라 온도와 시간은 다를 수 있으니 구움색을 확인하세요.

2 구운 파운드케이크는 틀에서 제거해 식힘망에서 식힌다. 이때 슈거파우더와 레몬즙을 섞어 레몬글레이즈를 만든다.

3 식힌 파운드케이크 위에 레몬글레이즈를 부은 후 기호에 따라 피스타치오분 태를 올려 장식한다.

Tip 식힘망 아래 유산지를 깔거나 바트를 받쳐 두면 깔끔하게 정리할 수 있습니다.

보관방법 및 주의사항

• 글레이즈를 부은 파운드케이크는 글레이즈가 충분히 굳은 후 포장해 주세요.
• 파운드케이크 반죽은 다양한 틀로 응용하여 만들 수 있습니다.
• 밀봉 보관하여 실온에서 하루 숙성한 뒤 먹으면 더욱 촉촉합니다.
• 최대 5일까지 실온 보관 가능합니다.

Salted Caramel Nuts
Pound Cake

솔티캐러멜 넛츠
파운드케이크

캐러멜소스가 들어가 촉촉하고, 견과류의 오독오독한 식감이 재미있는 케이크입니다. 적당한 당도에 짭조름한 맛이 더해진 이 파운드케이크는 미니 사이즈로 구웠을 때 더욱 멋스럽고 선물하기에도 좋아요. 책 속 레시피처럼 미니파운드틀이나 실리콘큐브틀로 굽는 것을 추천합니다.

Ingredients

미니파운드틀(92×60×35mm) 6개 분량 혹은
실리콘큐브틀(50×50×50mm) 8개 분량

파운드케이크반죽
무염버터 140g
달걀 140g
박력분 130g
베이킹파우더 6g
아몬드가루 20g
백설탕 80g
소금 1g
바닐라익스트랙 4g
솔티캐러멜소스 80g

솔티캐러멜소스
생크림 110g
백설탕 130g
물 10g
소금 2g

토핑
무염버터 15g
헤이즐넛 40g
피칸 40g

Check List

◦ 솔티캐러멜소스→파운드케이크반죽 순서로 만듭니다.
◦ 솔티캐러멜소스용 생크림은 전자레인지에 돌리거나 중탕하여 따뜻하게 준비합니다.
◦ 버터와 달걀은 실온에 꺼내 두어 찬기 없이 사용합니다.
◦ 달걀은 미리 풀어 준비합니다.
◦ 박력분, 베이킹파우더, 아몬드가루는 함께 계량해 미리 체 쳐 준비합니다.
◦ 헤이즐넛과 피칸은 170℃로 예열한 오븐에서 4~5분간 구운 후 식혀 준비합니다.
◦ 틀에 종이포일을 부착하거나 버터+중력분을 발라 준비합니다.
◦ 오븐은 반죽을 굽기 15분 전 170℃로 예열합니다.
◦ 짤주머니를 준비합니다.

솔티캐러멜소스

1 냄비에 설탕과 소금을 넣고 약불 상태에서 졸이며 설탕 주변으로 물을 두른다.

2 설탕이 녹기 시작하면 냄비를 돌리며 더 녹인다. 나무주걱이나 실리콘주걱으로 녹은 부분을 안쪽으로 밀듯 젓는다.

   Tip 처음부터 주걱으로 설탕을 저으면 설탕이 덩어리집니다. 다 녹은 상태에서 주걱으로 살살 저어주세요.

3 녹은 설탕이 진한 갈색으로 변하면 따뜻한 생크림을 2회에 나눠 넣고 잠시 불을 끈 뒤 주걱으로 빠르게 젓는다. 이후 다시 불을 켜고 20초간 더 졸인다.

   Tip 생크림을 넣으면 순간적으로 확 끓어오릅니다. 이때는 위험할 수 있으니 잠시 불을 끄고 저은 후 크림이 가라앉으면 다시 불을 켭니다.

4 완성된 캐러멜소스 중 80g은 따로 덜어 보관하고 남은 소스는 그대로 냄비에 둔다.

파운드케이크반죽

1 볼에 버터, 설탕, 소금을 넣고 핸드믹서 중속으로 1분간 섞는다.

2 달걀과 바닐라익스트랙을 6~7회에 나눠 넣으며 고속으로 섞는다.
   Tip 달걀을 새로 넣을 때마다 반드시 주걱으로 볼 벽면을 깔끔하게 정리합니다.

3 주걱을 이용해 볼 벽면을 정리한다.

4 따로 덜어둔 솔티캐러멜소스를 넣고 가볍게 섞는다.

5 체 친 박력분, 베이킹파우더, 아몬드가루를 넣고 주걱으로 살살 섞는다.
   Tip 과하게 섞으면 글루텐이 생겨 식감이 좋지 않아요. 가루가 보이지 않을 정도로만
   섞어주세요.

6 완성된 반죽은 짤주머니에 옮겨 담는다.

마무리

1 틀에 반죽을 담고 170℃로 예열한 오븐에서 20~23분간 굽는다.

Tip 컨벡션오븐 기준입니다. 오븐 열에 따라 온도와 시간은 다를 수 있으니 구움색을 확인하세요.

2 구운 파운드케이크는 틀에서 제거해 식힘망에서 식힌다.

3 솔티캐러멜소스가 담긴 냄비에 토핑용 재료를 모두 넣는다.

4 중불에서 끓기 시작하면 나무주걱으로 저어가며 20초간 더 졸인 후 불을 끈다.

5 2 위에 4를 골고루 올린 후 충분히 식힌다.

Tip 식힘망 아래 유산지를 깔거나 바트를 받쳐 두면 깔끔하게 정리할 수 있습니다.

보관방법 및 주의사항

• 글레이즈를 부은 파운드케이크는 글레이즈가 충분히 굳은 후 포장해 주세요.

• 파운드케이크 반죽은 다양한 틀로 응용하여 만들 수 있습니다.

• 밀봉 보관하여 실온에서 하루 숙성한 뒤 먹으면 더욱 촉촉합니다.

• 최대 5일까지 실온 보관 가능합니다.

Vanilla Bean
Pound Cake

바닐라빈
파운드케이크

인공적인 맛의 바닐라 향신료 대신 바닐라빈을 듬뿍 첨가해 고급스러운 향이 돋보이는 파운드케이크예요. 첫날보다 다음 날이 더 맛있고, 다음 날보다 그다음 날이 더 맛있답니다. 호불호가 적어 남녀노소 부담 없이 즐길 수 있고, 특히 아메리카노와의 궁합이 정말 좋아요.

Ingredients

오란다대틀(155×75×65mm) 2개 분량

파운드케이크반죽
무염버터 190g
달걀 180g
중력분 104g
박력분 104g
베이킹파우더 7g
백설탕 170g
소금 2g
생크림 115g
바닐라빈 1개

바닐라글레이즈
화이트커버춰초콜릿 90g
카카오버터 30g
식물성오일 10g

Check List

◦ 바닐라글레이즈는 사용 직전에 만듭니다.
◦ 버터와 달걀은 실온에 꺼내 두어 찬기 없이 사용합니다.
◦ 달걀은 미리 풀어 준비합니다.
◦ 중력분, 박력분, 베이킹파우더는 함께 계량해 미리 체 쳐 준비합니다.
◦ 생크림은 전자레인지에 돌리거나 중탕하여 40~50℃ 사이로 준비합니다.
◦ 틀에 종이포일을 부착하거나 버터+중력분을 발라 준비합니다.
◦ 오븐은 반죽을 굽기 15분 전 175℃로 예열합니다.

파운드케이크반죽

1 칼로 바닐라빈을 반으로 갈라 씨를 긁어낸다. 긁어낸 씨 4/5 분량은 반죽에 사용하고 1/5 분량은 바닐라글레이즈에 사용한다.

2 볼에 버터, 설탕, 소금, 바닐라빈 씨를 넣고 핸드믹서 중속으로 1분간 섞는다.

3 달걀을 6~7회에 나눠 넣으며 핸드믹서 고속으로 섞는다.
Tip 달걀을 새로 넣을 때마다 반드시 주걱으로 볼 벽면을 깔끔하게 정리합니다.

4 체 친 중력분, 박력분, 베이킹파우더를 넣고 주걱으로 살살 섞는다.
Tip 과하게 섞으면 글루텐이 생겨 식감이 좋지 않아요. 가루가 보이지 않을 정도로만 섞으세요.

5 따뜻하게 데운 생크림을 넣고 섞는다.

6 틀 2개에 반죽을 담고 170℃로 예열한 오븐에서 40분간 굽는다.
Tip 컨벡션오븐 기준입니다. 오븐 열에 따라 온도와 시간은 다를 수 있으니 구움색을 확인하세요.

7 구운 파운드케이크는 틀에서 제거해 식힘망에서 식힌다.

바닐라글레이즈 & 마무리

1 화이트커버춰초콜릿과 카카오버터는 각각 따로 담아 전자레인지에 녹이거나 중탕하여 준비한다.

Tip 전자레인지 사용 시 처음 1분 돌린 후 10초씩 끊어가며 초콜릿이 타지 않도록 합니다.

2 작은 볼에 녹인 화이트커버춰초콜릿과 카카오버터, 식물성오일을 넣고 함께 섞는다.

Tip 완성된 바닐라글레이즈는 27~28℃ 사이로 식힌 후 케이크 위에 붓습니다.

3 완성된 바닐라글레이즈를 파운드케이크 위에 붓고 실온에서 약 1시간 정도 굳힌다.

Tip 빠르게 굳히고 싶다면 20분간 냉동 보관합니다.

보관방법 및 주의사항

- 글레이즈를 부은 파운드케이크는 글레이즈가 충분히 굳은 후 포장해 주세요.
- 파운드케이크 반죽은 다양한 틀로 응용하여 만들 수 있습니다.
- 밀봉 보관하여 실온에서 하루 숙성한 뒤 먹으면 더욱 촉촉합니다.
- 최대 5일까지 실온 보관 가능합니다.

Cheddar Cheese
Pound Cake

황치즈
파운드케이크

노릇노릇 구움색이 매력적인 파운드케이크입니다. 치즈의 짭조름함과 달콤함이 동시에 느껴져 아이부터 어른까지 부담 없이 즐길 수 있어요. 흰 우유와의 궁합이 좋고 한 개만 먹어도 매우 든든하답니다.

Ingredients

실리콘큐브틀(50×50×50mm) 8개 분량

파운드케이크반죽
무염버터 150g
달걀 140g
박력분 180g
베이킹파우더 6g
황치즈가루 75g
파마산치즈가루 35g
백설탕 140g
소금 2g
우유 60g
바닐라익스트랙 3g

황치즈글레이즈
슈거파우더 40g
황치즈가루 10g
우유 20g

Check List

◦ 황치즈글레이즈는 사용 직전에 만듭니다.
◦ 버터와 달걀은 실온에 꺼내 두어 찬기 없이 사용하세요.
◦ 박력분, 베이킹파우더, 황치즈가루, 파마산치즈가루는 함께 계량해 미리 체쳐 준비합니다.
◦ 반죽용 우유는 따뜻하게 데워 40~50℃ 사이로 준비합니다.
◦ 오븐은 반죽을 굽기 15분 전 155℃로 예열합니다.
◦ 짤주머니와 붓을 준비합니다.

파운드케이크반죽

1   볼에 버터, 설탕, 소금을 넣고 핸드믹서 중속으로 1분간 섞는다.

2   달걀과 바닐라익스트랙을 6~7회에 나눠 넣으며 핸드믹서 고속으로 섞는다.
     Tip 달걀을 새로 넣을 때마다 반드시 주걱으로 볼 벽면을 깔끔하게 정리합니다.

3   체 친 박력분, 베이킹파우더, 황치즈가루와 파마산치즈가루를 넣고 주걱으
     로 살살 섞는다.
     Tip 과하게 섞으면 글루텐이 생겨 식감이 좋지 않아요. 가루가 보이지 않을 정도로만
     섞으세요.

4   따뜻하게 데운 우유를 넣고 섞는다.

5   완성된 반죽은 짤주머니에 담는다.

6   틀에 80% 정도 담은 후 155℃로 예열한 오븐에서 23분간 굽는다. 이후 틀
     에서 제거해 식힘망에서 식힌다.
     Tip 컨벡션오븐 기준입니다. 오븐 열에 따라 온도와 시간은 다를 수 있으니 구움색을
     확인하세요.

황치즈글레이즈 & 마무리

1 작은 볼에 슈거파우더, 황치즈가루, 우유를 넣고 주걱으로 섞는다.

2 약간 흐르는 정도가 되면 완성이다.

3 식힌 파운드케이크 위에 붓으로 글레이즈를 발라 굳힌다.

보관방법 및 주의사항

· 글레이즈를 바른 파운드케이크는 글레이즈가 충분히 굳은 후 포장해 주세요.

· 파운드케이크 반죽은 다양한 틀로 응용하여 만들 수 있습니다.

· 밀봉 보관하여 실온에서 하루 숙성한 뒤 먹으면 더욱 촉촉합니다.

· 최대 5일까지 실온 보관 가능합니다.

Almond
Pound Cake

아몬드
파운드케이크

아몬드가루가 들어가 일반 파운드케이크보다 향이 진하고 더 촉촉합니다. 밀봉 보관하여 하루 정도 숙성한 뒤 먹으면 입에서 살살 녹는 식감을 경험할 수 있어요. 재료와 레시피가 비교적 간단해 초보 홈베이커들도 어렵지 않게 구울 수 있습니다.

Ingredients

파운드틀 소(215×95×63mm) 1개 분량

파운드케이크반죽
무염버터 150g
달걀 140g
박력분 100g
아몬드가루 80g
베이킹파우더 6g
백설탕 135g
소금 2g
우유 80g
아몬드슬라이스 20g
바닐라익스트랙 3g

Check List

- 버터와 달걀은 실온에 꺼내 두어 찬기 없이 사용합니다.
- 달걀은 미리 풀어 준비합니다.
- 박력분, 아몬드가루, 베이킹파우더는 함께 계량해 미리 체 쳐 준비합니다.
- 우유는 따뜻하게 데워 40~50℃ 사이로 준비합니다.
- 틀에 종이포일을 부착하거나 버터+중력분을 발라 준비합니다.
- 오븐은 반죽을 굽기 15분 전 170℃로 예열합니다.

파운드케이크반죽 & 마무리

1 볼에 버터, 설탕, 소금을 넣고 핸드믹서 중속으로 1분간 섞는다.

2 달걀과 바닐라익스트랙을 6~7회에 나눠 넣으며 고속으로 섞는다.
   Tip 달걀을 새로 넣을 때마다 반드시 주걱으로 볼 벽면을 깔끔하게 정리합니다.

3 체 친 박력분, 아몬드가루, 베이킹파우더를 넣고 주걱으로 살살 섞는다.
   Tip 과하게 섞으면 글루텐이 생겨 식감이 좋지 않아요. 가루가 보이지 않을 정도로만 섞으세요.

4 따뜻한 우유를 넣고 가볍게 섞는다.

5 우유와 반죽이 잘 섞이면 작업을 멈춘다.

6 틀에 반죽을 담고 아몬드슬라이스를 올려 170℃로 예열한 오븐에서 40~43분간 굽는다.
   Tip 컨벡션오븐 기준입니다. 오븐 열에 따라 온도와 시간은 다를 수 있으니 구움색을 확인하세요.

7 구운 파운드케이크는 틀에서 제거해 식힘망 위에서 식힌다.

보관방법 및 주의사항

• 파운드케이크 반죽은 다양한 틀로 응용하여 만들 수 있습니다.
• 밀봉 보관하여 실온에서 하루 숙성한 뒤 먹으면 더욱 촉촉합니다.
• 최대 5일까지 실온 보관 가능합니다.

Blueberry
Muffin

블루베리
머핀

올망졸망한 블루베리가 콕콕 박힌 귀여운 머핀이에요. 사워크림이 첨가돼 일반 머핀보다 더 촉촉하고 풍미가 깊어 식감이 좋습니다. 블루베리 머핀을 만드는 과정 또한 즐거운데요. 머핀을 굽는 내내 집 안에 달콤한 블루베리 향이 가득해 늘 기분 좋은 베이킹을 한답니다.

Ingredients

머핀틀(60×70×45mm) 9개 분량

머핀반죽
무염버터 155g
달걀 150g
박력분A 180g
박력분B 10g
베이킹파우더 8g
백설탕 145g
소금 1g
사워크림 60g
레몬제스트 4g
냉동블루베리 150g

토핑
비정제설탕 10g
(터비나도슈거 혹은 케인슈거)

Check List

◦ 버터와 달걀, 사워크림은 실온에 꺼내 두어 찬기 없이 사용합니다.
◦ 달걀은 미리 풀어 준비합니다.
◦ 박력분A와 베이킹파우더는 함께 계량해 미리 체 쳐 준비합니다.
◦ 레몬제스트는 시판 제품을 사용하거나 제스터로 껍질을 긁어 미리 준비합니다.
◦ 틀에 머핀용 유산지를 부착합니다.
◦ 오븐은 반죽을 굽기 15분 전 170℃로 예열합니다.
◦ 아이스크림스쿱 혹은 짤주머니를 준비합니다.

머핀반죽 & 마무리

1 볼에 냉동블루베리, 박력분B를 넣고 주걱으로 버무린다.

2 다른 볼에 버터, 설탕, 소금을 넣고 핸드믹서 중속으로 1분간 섞는다.

3 달걀을 6~7회에 나눠 넣으며 핸드믹서 고속으로 섞는다.
   Tip 달걀을 새로 넣을 때마다 반드시 주걱으로 볼 벽면을 깔끔하게 정리합니다.

4 레몬제스트를 넣고 30초간 섞는다.

5 체 친 박력분A와 베이킹파우더를 넣고 주걱으로 살살 섞는다.

6 5에 1과 사워크림을 넣고 주걱으로 살살 섞는다.

7 틀에 반죽을 90% 정도 담은 후 비정제설탕을 살짝 뿌려 170℃로 예열한 오
   븐에서 25분간 굽는다.
   Tip 반죽을 담을 때 짤주머니나 아이스크림스쿱을 사용하면 편리합니다.
   Tip 컨벡션오븐 기준입니다. 오븐 열에 따라 온도와 시간은 다를 수 있으니 구움색을
   확인하세요.

8 구운 머핀은 틀에서 제거해 식힘망에서 식힌다.

보관방법 및 주의사항
• 머핀은 구운 당일보다 밀봉하여 하루 정도 숙성 후 먹는 것을 추천합니다.
• 밀봉하여 최대 5일까지 실온 보관 가능합니다.

Strawberry Jam
Oreo Cheese Muffin

딸기잼
오레오 치즈 머핀

이 머핀에는 맛있는 재료들이 듬뿍 들어 있어요. 책에서는 딸기잼을 사용했지만 라즈베리잼으로 대체해도 괜찮고 생략해도 충분히 맛있답니다. 사계절 중 특히 겨울에 많이 생각나는 머핀이에요. 눈 내리는 겨울, 창밖을 바라보며 우유 한잔과 함께 즐겨보세요.

Ingredients

머핀틀(50×70×33mm) 6개 분량

머핀반죽
무염버터 70g
달걀 120g
박력분 150g
베이킹파우더 6g
우유 40g
백설탕 85g
소금 1g
식물성오일 30g
오레오과자 80g
딸기잼 48g
바닐라익스트랙 3g

크림치즈필링
크림치즈 170g
슈거파우더 15g
초코칩 25g

토핑
오레오과자 20g

Check List

◦ 크림치즈필링→머핀반죽 순서로 만듭니다.
◦ 버터는 전자레인지에 데우거나 중탕하여 40~45℃ 사이로 준비합니다.
◦ 달걀은 실온에 꺼내 두어 찬기 없이 사용합니다.
◦ 박력분과 베이킹파우더는 함께 계량해 미리 체 쳐 준비합니다.
◦ 우유는 따뜻하게 데워 40~45℃ 사이로 준비합니다.
◦ 오레오과자는 작게 부숴 준비합니다.
◦ 틀에 머핀용 유산지를 부착하여 준비합니다.
◦ 오븐은 반죽을 굽기 15분 전 170℃로 예열합니다.
◦ 아이스크림스쿱 혹은 짤주머니를 준비합니다.

크림치즈필링

1   볼에 크림치즈, 슈거파우더, 초코칩을 넣고 단단한 주걱으로 풀어준다.

2   부드럽게 풀리면 머핀 반죽을 만들 동안 잠시 옆에 둔다.

      Tip   날이 더울 경우 잠시 냉장 보관합니다.

머핀반죽

1 볼에 달걀, 설탕, 소금, 바닐라익스트랙을 넣고 핸드믹서 중속으로 2분간 섞는다.

2 녹인 버터와 식물성오일을 넣고 30초간 더 섞는다.

3 체 친 박력분과 베이킹파우더를 넣고 주걱으로 살살 섞는다.

4 따뜻하게 데운 우유를 넣고 살살 섞는다.

5 작게 부순 오레오과자를 넣고 빠르게 섞는다.

마무리

1 틀에 반죽을 60% 정도 담고 그 위에 딸기잼을 8g씩 올린다.

Tip 반죽을 담을 때 짤주머니나 아이스크림스쿱을 사용하면 편리합니다.

2 딸기잼 위에 크림치즈필링과 토핑용 오레오과자를 올린 후 170℃로 예열한 오븐에서 23분간 굽는다.

Tip 크림치즈필링은 스푼으로 떠서 자연스럽게 올리고, 오레오과자는 작게 잘라 올립니다.

Tip 컨벡션오븐 기준입니다. 오븐 열에 따라 온도와 시간은 다를 수 있으니 구움색을 확인하세요.

3 구운 머핀은 틀에서 제거해 식힘망에서 식힌다.

보관방법 및 주의사항

• 머핀은 구운 당일보다 밀봉하여 하루 정도 숙성 후 먹는 것을 추천합니다.

• 크림치즈가 함유돼 있어 더운 날씨에는 냉장 보관하는 것이 좋습니다.

• 밀봉하여 최대 3일까지 실온 및 냉장 보관 가능합니다.

Chocolate
Muffin

초코 머핀

이 초코 머핀 레시피는 제가 10년 넘게 고수하고 있는 레시피입니다. 다크 커버춰초콜릿을 사용해 인공적이지 않은 고급스러운 초코맛을 느낄 수 있고, 단맛이 적당해 여러 개 먹어도 물리지 않아요. 지치고 힘든 일상에 이 작은 초코 머핀이 큰 위로가 되었으면 좋겠습니다.

Ingredients

머핀틀(60×70×45mm) 8개 분량

머핀반죽
무염버터 145g
달걀 150g
박력분 160g
베이킹파우더 4g
베이킹소다 2g
코코아파우더 35g
백설탕 100g
황설탕(혹은 머스코바도 라이트) 50g
소금 2g
생크림 50g
다크커버춰초콜릿 90g
초코칩 60g
바닐라익스트랙 3g

토핑
초코칩 30g

Check List

◦ 버터와 다크커버춰초콜릿은 함께 계량해 따뜻하게 데워 40~50℃로 준비합니다.
◦ 달걀은 실온에 꺼내 두어 찬기 없이 사용합니다.
◦ 박력분, 베이킹파우더, 베이킹소다, 코코아파우더는 함께 계량해 미리 체쳐 준비합니다.
◦ 백설탕, 황설탕, 소금은 함께 계량합니다.
◦ 생크림은 따뜻하게 데워 40~50℃ 사이로 준비합니다.
◦ 틀에 머핀용 유산지를 부착하여 준비합니다.
◦ 오븐은 반죽을 굽기 15분 전 170℃로 예열합니다.
◦ 아이스크림스쿱 혹은 짤주머니를 준비합니다.

머핀반죽 & 마무리

1 볼에 달걀, 백설탕, 황설탕, 소금, 바닐라익스트랙을 넣고 핸드믹서 중속으로 2분간 섞는다.

2 핸드믹서 저속으로 30초간 천천히 섞으며 큰 기포를 제거한다.

3 따뜻하게 데운 버터 + 다크커버춰초콜릿을 넣는다.

4 핸드믹서 중속으로 30초간 더 섞는다.

5 체 친 박력분, 베이킹파우더, 베이킹소다, 코코아파우더를 넣고 주걱으로 가볍게 섞는다.

6 따뜻하게 데운 생크림을 넣고 주걱으로 살살 섞는다.

7 초코칩을 넣고 가볍게 섞는다.

8 틀에 반죽을 90% 정도 담고 토핑용 초코칩을 올린 후 170℃로 예열한 오븐에서 23분간 굽는다.

   Tip 반죽을 담을 때 짤주머니나 아이스크림스쿱을 사용하면 편리합니다.
   Tip 컨벡션오븐 기준입니다. 오븐 열에 따라 온도와 시간은 다를 수 있으니 구움색을 확인하세요.

9 구운 머핀은 틀에서 꺼내 식힘망에서 식힌다.

보관방법 및 주의사항
• 머핀은 구운 당일보다 밀봉하여 하루 정도 숙성 후 먹는 것을 추천합니다.
• 밀봉하여 최대 5일까지 실온 보관 가능합니다.

Part 5

CAKE

—

케이크

Carrot
Cake

당근 케이크

당근 케이크는 제 소울푸드 중 하나입니다. 처음 맛본 건 20살 유학시절 때였어요. 첫 입이 정말 충격적이었죠. '분명 당근 케이크인데 왜 당근 맛이 나지 않지?' 생각하며 먹고 또 먹었습니다. 처음 느껴보는 묵직하고 촉촉한 식감이었죠. 그날 이후 당근 케이크의 매력에 빠져 한동안 호주 최고의 당근 케이크 맛집을 찾아다니기도 했어요. 당근 케이크에 대한 애정이 가득해서인지 카페를 운영할 때도 '당근 케이크 맛집'이라는 말을 참 많이 들었던 것 같아요. 이 레시피를 통해 '인생 당근 케이크'를 경험해 보세요.

Ingredients

낮은원형1호틀(15cm) 3개 사용

케이크시트
달걀 95g
중력분 170g
베이킹파우더 4g
베이킹소다 2g
시나몬가루 3g
백설탕 60g
황설탕 60g
소금 2g
식물성오일 95g
당근 105g
피칸 40g
사과주스(혹은 파인애플주스) 40g
바닐라익스트랙 3g

크림치즈프로스팅
크림치즈 200g
사워크림 50g
생크림 150g
백설탕 48g

토핑(생략 가능)
시나몬가루 약간
타임(혹은 로즈마리)

Check List

◦ 달걀은 실온에 꺼내 두어 찬기 없이 사용합니다.
◦ 중력분, 베이킹파우더, 베이킹소다, 시나몬가루는 함께 계량해 미리 체 쳐 준비합니다.
◦ 당근은 푸드프로세서나 강판을 사용하여 작게 다지거나 체 쳐 준비합니다.
◦ 피칸은 170℃로 예열한 오븐에서 4~5분 미리 구운 후 식혀 준비합니다.
◦ 크림치즈, 사워크림, 생크림은 차가운 상태로 준비합니다. 크림치즈가 너무 단단할 경우 사용 30분 전 실온에 꺼내 두세요.
◦ 틀 3개에 종이포일 혹은 테프론시트를 부착하여 준비합니다.
◦ 오븐은 시트를 굽기 15분 전 170~180℃로 예열합니다.

케이크시트

1 볼에 달걀, 백설탕, 황설탕, 소금, 바닐라익스트랙을 넣고 핸드믹서 중속으로 1분간 섞는다.

2 식물성오일을 넣고 중속으로 1분 더 섞는다.

3 체 친 중력분, 베이킹파우더, 베이킹소다, 시나몬가루를 넣고 가루가 보이지 않을 정도로 섞는다.

4 준비한 당근과 피칸, 사과주스를 넣고 주걱으로 섞는다.

5 완성된 반죽은 틀 3개 분량으로 나눠 각각 틀에 담는다.

6 170℃로 예열한 오븐에서 18~20분간 굽는다.
   Tip 반죽 가운데 부분을 꼬챙이로 찔러 반죽이 묻어나오지 않으면 꺼내줍니다.
   Tip 한 번에 구울 경우 높이 7cm 이상의 틀을 사용해 170℃에서 45분간 구워 3등분 합니다.

7 구운 케이크시트는 뒤집어 식힘망에서 충분히 식힌다.

크림치즈프로스팅

1   볼에 크림치즈와 설탕을 넣고 핸드믹서 중속으로 매끈하게 풀어준다.

2   생크림을 1/3 분량만 넣고 크림치즈 덩어리를 조금 더 풀어준다.

3   나머지 생크림과 사워크림을 넣은 후 핸드믹서 고속으로 휘핑한다.

4   쫀쫀한 질감의 크림치즈프로스팅이 완성되면 주걱으로 볼 벽면을 정리한다.

마무리

1 식힌 케이크시트 윗부분을 평평하게 자른다.

   Tip 필수는 아니지만 완성 후 케이크 단면이 더 예뻐요.

2 스패츌러를 사용하여 케이크시트 위에 크림치즈프로스팅을 펴 바른다. 이
   과정을 2회 반복한다.

3 윗부분 가장자리에 시나몬가루를 뿌려 마무리한다.

   Tip 타임이나 로즈마리로 장식해도 좋습니다.

보관방법 및 주의사항

• 당근 케이크는 숙성이 필요한 케이크입니다. 만든 당일엔 수분이 덜 퍼져 촉촉함이 덜합
  니다.

• 완성 후 상자나 통에 보관해 하루 정도 냉장 숙성 후 먹는 것을 추천합니다.

• 최대 5일까지 냉장 보관 가능합니다.

Milk Flavor Cake

Level ●●●○

순우유 케이크

가끔씩 식빵이나 카스텔라처럼 심플하고 단순한 맛이 당길 때가 있습니다. 순우유 케이크는 화려하거나 특색 있진 않지만 자꾸만 생각나는, 포크질을 멈출 수 없는 마성의 케이크예요. 진한 우유 맛을 좋아하는 이들에게 추천합니다. 새하얀 케이크 위에 체리나 블루베리 등 좋아하는 과일을 올려 꾸며 보고, 예쁜 빈티지 플레이트에 담아 홍차와 함께 즐겨보세요.

Ingredients

원형1호틀(15cm) 1개 분량

케이크시트(제누와즈)
무염버터 20g
달걀 150g
박력분 95g
백설탕 90g
소금 1g
꿀 7g
우유 20g
바닐라익스트랙 3g

우유시럽
우유 60g
연유 40g

마스카르포네크림
생크림 360g
마스카르포네치즈 70g
연유 50g
백설탕 10g

Check List

○ 케이크시트→우유시럽→마스카르포네크림 순서로 만듭니다.
○ 시트용 버터와 우유, 바닐라익스트랙은 함께 계량합니다.
○ 달걀은 실온에 꺼내 두어 찬기 없이 사용합니다.
○ 박력분은 미리 체 쳐 준비합니다.
○ 크림용 생크림과 마스카르포네치즈는 차가운 상태로 준비합니다.
○ 틀에 종이포일 혹은 테프론시트를 부착하여 준비합니다.
○ 오븐은 시트를 굽기 15분 전 160℃로 예열합니다.
○ 붓을 준비합니다.

케이크시트(제누와즈)

1 내열용기에 버터＋우유＋바닐라익스트랙을 넣고 전자레인지에 데워 40~ 50℃ 사이로 따뜻하게 준비한다.

Tip 데운 후 온도가 떨어질 것 같으면 중탕물에 담가 둡니다.

2 볼에 달걀, 설탕, 소금, 꿀을 넣고 손거품기로 살짝 섞는다.

3 2를 중탕하여 38℃ 전후로 데운다.

Tip 이때 반드시 손거품기로 계속 저어가며 달걀이 부분적으로 익지 않도록 합니다.

4 어느 정도 온도가 올라갔으면 중탕물에서 꺼내 핸드믹서 고속으로 휘핑한다.

Tip 약 4~5분간 휘핑합니다. 사용하는 핸드믹서나 스탠드믹서 성능에 따라 조금씩 다를 수 있습니다.

5 달걀이 2배 이상 부풀고 아이보리색으로 변하면 저속으로 바꿔 1분간 천천히 기공을 정리한다.

6 핸드믹서로 반죽을 들어 올렸을 때 거품 자국이 남아있으면 작동을 멈춘다.

7 체 친 박력분을 넣는다.

8 주걱으로 살살 가르듯 섞는다. 볼 옆과 바닥을 깨끗하게 훑으며 가루가 남아 있는지 확인한다.

9 1에 반죽을 소량 넣어 희생반죽을 만든다.

Tip 액체를 반죽에 바로 넣게 되면 머랭이 많이 꺼질 수 있습니다. 이에 반죽을 소량 희생시켜 희생반죽을 만든 뒤 메인반죽과 섞어줍니다.

10 희생반죽을 다시 메인반죽에 넣고 버터가 보이지 않을 정도로 잘 섞는다.

11 틀에 반죽을 담고 바닥에 두 번 내리쳐 큰 기포를 없앤다.

12 꼬챙이나 이쑤시개 등으로 반죽 기포를 정리한 후 160℃로 예열한 오븐에서 30분간 굽는다.
Tip 컨벡션오븐 기준입니다. 오븐에 따라 굽는 시간과 온도는 다를 수 있습니다.

13 구운 케이크시트는 바닥에 두 번 내리쳐 충격을 준 후 뒤집어 식힘망에서 5분간 식힌다.

14 다시 정방향으로 돌려 충분히 식힌다.

15 윗부분과 아랫부분은 식감이 좋지 않으니 얇게 잘라 제거한 뒤 3등분하여 사용한다.

우유시럽

1 냄비나 소스팬에 우유와 연유를 넣고 중약불로 끓인다.

2 우유가 끓어오르기 시작하면 약불로 줄인다. 나무주걱으로 저어가며 30초
간 더 끓인 후 불을 끈다.

3 완성된 우유시럽은 작은 볼에 옮겨 충분히 식힌다.

마스카르포네크림 & 마무리

1 볼에 마스카르포네치즈와 설탕, 연유, 생크림 1/3 분량을 넣고 핸드믹서로 풀어준다.

Tip 한번에 많은 생크림을 넣으면 마스카르포네치즈 덩어리가 잘 풀리지 않을 수 있어요. 1/3 분량만 우선 넣어주세요.

2 나머지 생크림을 다 넣고 고속으로 휘핑한다.

Tip 더운 계절에는 볼 밑에 얼음물이나 얼음팩을 받치고 작업하면 더욱 안정적인 크림을 만들 수 있습니다.

3 크림에 주름이 생기고 핸드믹서로 들어올렸을 때 흘러내리지 않을 정도로 되직하게 휘핑해 완성한다.

Tip 순우유 케이크는 느끼하지 않은 크림이 포인트입니다. 오버휘핑할 경우 흘러내리지 않을 정도로, 크림이 약간 휘는 정도로 휘핑해 주세요.

4 케이크시트 3장을 준비한다.

5 붓을 사용하여 시트에 우유시럽을 바른다.

6 우유시럽→생크림→시트 순서로 작업한다. 이 과정을 1회 더 반복한다.

7 스패츌러를 사용하여 시트 위와 옆면에 크림을 두껍게 바른다.

8 돌림판을 돌려 가며 두꺼운 크림을 깎아 정리한다.

9 스패츌러로 윗면에 자연스러운 무늬를 만든다.

Tip 순수한 느낌을 내기 위해 물결무늬를 만들었지만 원하는 모양으로 디자인해도 좋습니다.

Tip 완성된 케이크는 최소 4시간 이상 냉장 보관 후 커팅해야 모양이 흐트러지지 않습니다.

보관방법 및 주의사항
- 제누와즈는 밀봉하여 실온 보관하고 만든 날로부터 2일 내에 사용하는 것이 좋습니다.
- 꼼꼼히 밀봉하여 최대 2주간 냉동 보관 가능합니다.
- 생크림 케이크는 반드시 냉장 보관하고 2~3일 안에 먹는 것을 추천합니다.
- 제누와즈에 시럽을 바른 케이크류는 하루 숙성 뒤 더욱 촉촉해집니다.

Raspberry Butter Cream Cake

라즈베리 버터크림 케이크

예쁘고 멋스러우면서도 이국적인 느낌이 물씬 나는 케이크예요. 흡사 외국 베이킹 서적에서 볼 법한 비주얼이죠. 스위스머랭버터크림을 샌딩해 맛 또한 이국적이랍니다. 따로 냉장 보관할 필요 없어 야외 피크닉용 케이크로도 추천해요. 책에서는 상큼한 라즈베리잼을 샌딩했지만 겨울철에는 딸기로 잼을 만들어 활용해도 좋습니다.

Ingredients

낮은원형1호틀(15cm) 2개 사용

라즈베리잼
냉동라즈베리 80g
라즈베리퓨레 100g
백설탕 40g
레몬즙 10g
펙틴 1g
(혹은 옥수수전분 4g)

스위스머랭버터크림
무염버터 160g
흰자 80g
백설탕 90g
소금 한 꼬집
레몬제스트 2g
바닐라익스트랙 4g

버터스펀지
무염버터 140g
달걀 140g
백설탕 130g
소금 2g
박력분 140g
베이킹파우더 6g
우유 60g
바닐라익스트랙 3g

Check List

- 라즈베리잼→버터스펀지→스위스머랭버터크림 순서로 작업합니다.
- 라즈베리잼은 58쪽을 참고해 미리 만들어 준비합니다. 시판 제품을 사용해도 괜찮습니다.
- 버터스펀지용 버터와 달걀은 실온에 꺼내 두어 찬기 없이 사용합니다.
- 달걀은 미리 풀어 준비합니다.
- 박력분과 베이킹파우더는 함께 계량해 미리 체 쳐 준비합니다.
- 우유는 따뜻하게 데워 40~45℃ 사이로 준비합니다.
- 버터크림용 버터는 사용 30분 전에 꺼내 깍둑썰기하여 약간 차가운 상태로 준비합니다.
- 틀 2개에 종이포일 혹은 테프론시트를 부착해 준비합니다.
- 오븐은 시트를 굽기 15분 전 170℃로 예열합니다.

버터스펀지

1 볼에 버터와 설탕, 소금을 넣고 핸드믹서 중속으로 섞는다.

2 달걀과 바닐라익스트랙을 6~7회에 나눠 넣으며 고속으로 휘핑한다.

  Tip 주걱으로 중간중간 볼 벽면을 정리해 주세요.

3 체 친 박력분, 베이킹파우더를 넣고 주걱으로 살살 섞는다.

4 따뜻하게 데운 우유를 넣고 가볍게 섞는다.

5 틀 2개에 반죽을 반씩 나눠 담고 170℃로 예열한 오븐에서 25분간 굽는다.

  Tip 한 번에 구울 경우 높이 7cm 이상의 틀을 사용합니다. 이 경우 170℃에서 40분간 굽고 꺼내기 전 꼬챙이로 가운데를 찔러 반죽이 묻어나오는지 확인합니다.

6 구운 버터스펀지는 뒤집어 식힘망에서 충분히 식힌다.

  Tip 뒤집어 식혀야 시트 윗면이 평평해 집니다. 만약 평평하지 않다면 시트 윗면을 살짝 잘라냅니다.

스위스머랭버터크림 & 마무리

1 볼에 흰자와 설탕, 소금을 넣고 손거품기로 살짝 섞는다.

2 중탕하여 온도를 75℃까지 높인 뒤 설탕을 녹인다.

Tip 흰자가 부분적으로 익지 않도록 처음부터 끝까지 계속 손거품기로 저어줍니다.
중탕 시 흰자에 물이 들어가지 않도록 깊은 볼을 사용하세요.

3 레몬제스트와 바닐라익스트랙을 넣고 핸드믹서 고속으로 휘핑한다.

4 머랭뿔이 단단해지면 휘핑을 멈춘다.

5 깍둑썰기한 버터를 넣고 고속으로 휘핑한다.

Tip 버터는 3회에 나눠 넣습니다.

6 버터와 머랭이 서로 섞이며 크림이 단단해지면 작동을 멈춘다. 30분간 냉장
보관 후 사용한다.

Tip 처음에는 흐물거리지만 고속으로 휘핑하면 점점 단단해집니다.

7 식힌 버터스펀지 위에 버터크림을 바른 뒤 라즈베리잼을 올린다.

8 다시 시트를 올린 후 L자 스패츌러로 윗부분에 버터크림을 바른다.

9 기호에 따라 체리, 다양한 베리류와 허브를 올려 장식한다.

보관방법 및 주의사항

- 버터스펀지와 버터크림으로 만든 케이크는 실온 상태일 때 먹으면 더 부드럽습니다.
- 더운 계절에는 냉장 보관하고, 먹기 20분 전에 미리 꺼내 찬기를 살짝 제거하면 더욱 맛
있습니다.
- 실온 보관 시 3일 내에 먹는 것을 추천합니다.

Banana Cream Cheese Cake

Level ●●○○

바나나 크림치즈
케이크

바나나 향과 시나몬 향이 솔솔 올라오는 이국적인 케이크입니다. 잘 익은 바나나를 구입해 이 케이크를 구워보세요. 공정이 어렵지 않아 초보 홈베이커들도 부담 없이 만들 수 있습니다.

Ingredients

원형높은틀(18cm) 1개 분량

케이크시트
무염버터 110g
달걀 100g
박력분 150g
베이킹파우더 6g
시나몬가루 2g
백설탕 35g
황설탕 50g
소금 1g
꿀 15g
바나나 210g
피칸 40g

크림치즈프로스팅
크림치즈 130g
생크림 70g
백설탕 40g

토핑
시나몬가루 약간

Check List

◦ 버터와 달걀은 실온에 꺼내 두어 찬기 없이 사용합니다.
◦ 달걀은 미리 풀어 준비합니다.
◦ 박력분, 베이킹파우더, 시나몬가루는 함께 계량해 미리 체 쳐 준비합니다.
◦ 피칸은 170℃로 예열한 오븐에서 4~5분간 미리 구운 후 식혀 준비합니다.
◦ 틀에 종이포일 혹은 테프론시트를 부착하여 준비합니다.
◦ 오븐은 시트를 굽기 15분 전 170℃로 예열합니다.

케이크시트	**1** 볼에 버터, 백설탕, 황설탕, 소금을 넣고 핸드믹서 고속으로 풀어준다.

1 볼에 버터, 백설탕, 황설탕, 소금을 넣고 핸드믹서 고속으로 풀어준다.

2 꿀을 넣고 30초간 더 섞는다.

3 달걀은 6~7회에 나눠 넣으며 핸드믹서 고속으로 섞는다.
Tip 주걱으로 중간중간 볼 벽면을 정리해 주세요.

4 체 친 박력분, 베이킹파우더, 시나몬가루를 넣고 주걱으로 살살 섞는다.

5 바나나는 칼로 다지거나 으깨 준비한다.
Tip 바나나는 사용 직전에 작업합니다. 미리 준비하면 갈변되어 물이 생겨요.
Tip 냉동 바나나는 사용하지 마세요.

6 구운 피칸을 넣고 섞는다.
Tip 크기가 큰 피칸은 잘라 넣어주세요.

7 틀에 반죽을 담고 170℃로 예열한 오븐에서 35분간 굽는다.
Tip 꼬챙이로 반죽 가운데를 찔렀을 때 반죽이 묻어나오지 않으면 완성입니다.

8 구운 케이크시트는 틀에서 꺼내 식힘망에서 충분히 식힌다.

크림치즈프로스팅 & 마무리

1 볼에 크림치즈, 설탕을 넣고 핸드믹서로 중속으로 풀어준다.

2 생크림을 넣고 되직해질 때까지 휘핑한다.

3 주걱으로 볼 벽면을 정리해 완성한다.

4 식힌 케이크시트 위에 L자 스패츌러를 사용하여 크림치즈프로스팅을 올려
   펴 바른다.

5 가장자리에 시나몬가루를 살짝 뿌려 완성한다.

보관방법 및 주의사항

• 크림치즈 함량이 높아 서늘한 곳에서 하루 이틀간 실온 보관해도 괜찮습니다.
• 날이 더우면 냉장 보관하고, 먹기 전 실온에 20분간 꺼내 두었다 찬기 없이 먹으면 더욱
  맛있습니다.
• 최대 4일까지 냉장 보관 가능합니다.

Matcha White Chocolate
Cheese Cake

말차 화이트 초콜릿
치즈케이크

말차 마니아들을 위한 치즈케이크입니다. 말차의 쏩쏠함과 은은한 마스카르포네크림이 참 잘 어울려요. 말차 반죽에 들어간 화이트초콜릿은 우유의 단맛을 끌어올려 고급스러운 식감을 선사합니다. 시트 밑에 씹히는 통밀쿠키의 고소함과 크림의 단맛을 동시에 느껴보세요.

Ingredients

원형분리틀(18cm) 1개 분량

치즈케이크바닥
통밀쿠키 140g
(다이제스티브 혹은 그라함쿠키)
무염버터 60g

치즈케이크반죽
크림치즈 280g
달걀 100g
백설탕 75g
옥수수전분 10g
말차가루 15g
생크림 200g
화이트커버춰초콜릿 80g

마스카르포네크림
마스카르포네치즈 30g
생크림 160g
백설탕 20g

Check List

◦ 치즈케이크바닥→치즈케이크반죽→마스카르포네크림 순서로 작업합니다.
◦ 치즈케이크바닥용 버터는 전자레인지에 녹여 따뜻하게 준비합니다.
◦ 치즈케이크반죽용 크림치즈는 사용하기 1시간 전 미리 꺼내 둡니다.
◦ 달걀은 실온에 꺼내 두어 찬기 없이 사용합니다.
◦ 옥수수전분과 말차가루는 함께 계량해 미리 체 쳐 준비합니다.
◦ 틀에 종이포일 혹은 테프론시트를 부착해 준비합니다.
◦ 오븐은 반죽을 굽기 15분 전 160℃로 예열합니다.
◦ 푸드프로세서를 준비합니다.

치즈케이크바닥

1 푸드프로세서에 통밀쿠키를 넣고 곱게 간다.
   Tip 푸드프로세서가 없다면 지퍼백에 넣고 밀대로 밀어 부숴주세요.

2 작은 볼에 1과 녹인 버터를 넣고 섞는다.

3 틀에 쿠키를 깔고 손으로 눌러 단단하게 밀착시킨다.

4 160℃로 예열한 오븐에서 5분간 구운 후 치즈케이크반죽을 만드는 동안 잠시 옆에 둔다.

치즈케이크반죽

1 내열용기에 생크림을 넣고 전자레인지에 따뜻하게 데운다. 이후 화이트커버
   춰초콜릿을 넣고 주걱으로 저어가며 초콜릿을 녹인다.

   Tip 따뜻한 생크림에 초콜릿을 넣고 1분간 두면 초콜릿에 열이 골고루 전달됩니다.
   그래도 녹지 않으면 전자레인지에 10초씩 끊어 돌리며 상태를 확인합니다.

2 다른 볼에 크림치즈와 설탕을 넣고 단단한 주걱으로 풀어준다.

   Tip 핸드믹서를 사용해도 괜찮아요.

3 달걀을 넣고 섞는다.

4 1을 넣고 섞는다.

5 체 친 옥수수전분과 말차가루를 넣고 섞는다.

   Tip 반죽에 덩어리가 있으면 체에 한 번 걸러주세요.

233

6   틀에 반죽을 담고 160℃로 예열한 오븐에서 45분간 굽는다.

    Tip 컨벡션오븐 기준입니다. 오븐 열에 따라 온도와 시간은 다를 수 있으니 구움색을
    확인하세요.

7   구운 치즈케이크는 실온에서 충분히 식힌 후 랩핑하여 최소 6시간 이상 냉
    장 보관한다.

마스카르포네크림 & 마무리

1 볼에 마스카르포네치즈와 설탕을 넣고 핸드믹서로 덩어리를 풀어준다.

2 생크림을 1/3 분량만 넣고 핸드믹서 고속으로 휘핑한다.

3 나머지 생크림을 넣고 되직해질 때까지 휘핑해 마무리한다.
   Tip 주걱으로 볼 벽면을 정리합니다.

4 틀을 제거한 치즈케이크 위에 마스카르포네크림을 올린다.

5 스패츌러로 크림을 깔끔하게 정리한다.

보관방법 및 주의사항

- 뜨거운 상태의 치즈케이크를 냉장고에 넣으면 물이 많이 생깁니다. 충분히 식힌 후 냉장 보관하세요.
- 치즈케이크는 최소 6시간 이상 냉장 보관한 후 커팅해야 모양이 흐트러지지 않고 맛도 좋습니다.
- 뜨거운 물에 담갔다 물기를 제거한 칼을 사용하면 더욱 깔끔하게 자를 수 있어요.
- 최대 4일까지 냉장 보관 가능합니다.

Whisky Basque
Cheese Cake

Level ●○○○

위스키 바스크
치즈케이크

유행을 넘어 이제는 대중적인 메뉴로 자리한 바스크 치즈케이크는 스페인 바스크 지역의 한 식당에서 탄생했습니다. 태우듯 구워 군고구마 향이 나는 게 특징이에요. 풍미가 중요한 만큼 그 향을 더 끌어올리기 위해 위스키를 첨가했습니다. 위스키가 추가된 치즈케이크의 깊은 맛을 경험해 보세요.

Ingredients

높은원형틀(15cm) 1개 분량

치즈케이크반죽
크림치즈 320g
달걀 140g
옥수수전분 12g
백설탕 95g
소금 한 꼬집
생크림 150g
위스키 15g

Check List

◦ 크림치즈는 사용하기 1시간 전 미리 꺼내 둡니다. 너무 단단한 상태라면 전자레인지에 20초간 돌려 준비합니다.
◦ 달걀은 실온에 꺼내 두어 찬기 없이 사용합니다.
◦ 옥수수전분은 미리 체 쳐 준비합니다.
◦ 오븐은 반죽을 굽기 15분 전 200℃로 예열합니다.
◦ 크림치즈는 브랜드마다 짠맛의 정도가 다릅니다. 만일 사용하는 크림치즈가 짠맛이 강한 제품이라면 소금 한 꼬집을 생략해 주세요.

치즈케이크반죽 & 마무리

1   틀에 종이포일 또는 테프론시트를 부착한다.

Tip 테프론시트 부착 시 틀 사이즈에 맞게 재단해 사용하고, 비교적 분리틀 사용을 권장합니다.

2   볼에 크림치즈와 설탕, 소금을 넣고 핸드믹서로 풀어준다.

3   달걀을 넣고 30초간 섞는다.

4   생크림과 위스키를 넣고 섞는다.

5   체 친 옥수수전분을 넣고 주걱으로 가볍게 섞는다.

6   반죽은 체에 한 번 거른다. 이후 틀에 담고 200℃로 예열한 오븐에서 30~32분간 굽는다.

Tip 컨벡션오븐 기준입니다. 옅은 구움색을 원할 경우 온도를 10℃ 낮추어 굽고, 진한 구움색을 원할 경우 온도를 10℃ 올려 구우세요.

7   구운 치즈케이크는 실온에서 충분히 식힌 후 랩핑하여 최소 하루 이상 냉장 보관한다.

보관방법 및 주의사항

• 뜨거운 상태의 치즈케이크를 냉장고에 넣으면 물이 많이 생길 수 있습니다. 충분히 식힌 후 냉장 보관하세요.
• 치즈케이크는 최소 6시간 이상 냉장 보관한 후 커팅해야 모양이 흐트러지지 않고 맛도 좋습니다.
• 뜨거운 물에 담갔다 물기를 제거한 칼을 사용하면 더욱 깔끔하게 자를 수 있어요.
• 최대 4일까지 냉장 보관 가능합니다.

Mango Rare
Cheese Cake

망고 레어
치즈케이크

여름이 생각나는 밝고 상큼한 이국적인 케이크입니다. 달콤한 망고 향이 풀
풀 풍겨 입맛 없는 여름에 먹기 좋은 케이크예요. 더운 나라로 여행을 떠났
을 때 처음 먹어 본 망고 치즈케이크는 정말 깜짝 놀랄 정도로 맛있었어요.
습하고 더운 날, 근사한 케이크가 만들고 싶다면 단연코 이 망고 레어 치즈
케이크를 추천합니다.

Ingredients

원형분리틀(18cm) 1개 분량

치즈케이크바닥
통밀쿠키 140g
(다이제스티브 혹은 그라함쿠키)
무염버터 60g

치즈케이크반죽
크림치즈 210g
냉동망고퓨레 120g
백설탕 60g
생크림 140g
사워크림 60g
레몬즙 6g
차가운 물 약간
판젤라틴 4g
생망고 1개

망고젤리
냉동망고퓨레 150g
레몬즙 4g
차가운 물 50g
판젤라틴 2g
백설탕 20g

토핑
생망고 1개

Check List

○ 치즈케이크바닥 → 치즈케이크반죽 → 망고젤리 순서로 작업합니다.
○ 치즈케이크바닥은 232쪽을 참고해 만들어 준비합니다.
○ 망고젤리는 미리 만들면 굳을 수 있으니 사용 직전에 만듭니다.
○ 크림치즈는 사용하기 1시간 전 미리 꺼내 둡니다. 너무 단단한 상태라면 전
  자레인지에 20초 정도 돌려주세요.
○ 치즈케이크반죽용 냉동망고퓨레는 전자레인지에 해동해 준비합니다.
○ 치즈케이크반죽용 생망고는 깍둑썰기해 준비합니다.
○ 틀에 종이포일 혹은 테프론시트를 부착합니다.

치즈케이크반죽

1   232쪽을 참고해 만든 치즈케이크바닥을 준비한다.

2   차가운 물에 판젤라틴을 넣고 5분간 불린다. 물기를 제거한 후 전자레인지에
     10초간 돌린다.

3   볼에 크림치즈와 설탕을 넣고 단단한 주걱으로 풀어준다.
     Tip 핸드믹서를 사용해도 괜찮습니다.

4   해동한 망고퓨레와 2의 판젤라틴을 넣고 재료를 잘 섞은 후 잠시 옆에 둔다.

5   다른 볼에 생크림을 넣고 핸드믹서를 사용하여 70% 정도 휘핑한다.
     Tip 크림을 들어올리면 흐르지만 조금 되직한 정도입니다.

6   4에 사워크림을 넣고 섞는다. 이후 5의 생크림과 레몬즙을 넣고 마저 섞는다.

7   틀에 반죽 1/2 분량을 담고 깍둑썰기한 생망고를 올린다.

8   남은 분량의 반죽을 다 넣고 윗면을 평평하게 정리한 후 30분간 냉동 보관
     한다.

망고젤리 & 마무리

1 내열용기에 차가운 물과 판젤라틴을 넣고 5분간 불린다. 이후 물과 함께 전자레인지에 30초간 돌린다.

2 볼에 냉동망고퓨레와 설탕, 레몬즙을 넣고 전자레인지에 데우거나 뜨거운 물에 중탕하여 녹인다.

3 2에 1을 넣고 섞어 완성한다.

4 냉동 보관한 치즈케이크 위에 3을 부은 후 냉동고에서 최소 2시간 이상 굳힌다.

5 틀 제거 후 토핑용 생망고를 잘라 올려 완성한다.

보관방법 및 주의사항

• 망고 레어 치즈케이크는 반드시 냉장 보관합니다.
• 생과일이 들어간 케이크는 3일 내에 먹는 것이 좋습니다.

Lemon
Cheese Cake

레몬 치즈케이크

카페를 운영할 당시 가장 인기 있었던 케이크입니다. 무려 일주일에 세 번씩 이 케이크를 찾은 손님도 있었죠. 더운 여름 시원하게 샤워를 마친 후 커피와 함께 한 조각 먹어보세요. 상큼하고 부드러운 맛이 즐거운, 매력만점 기분전환용 케이크랍니다.

Ingredients

원형분리틀(18cm) 1개 분량

치즈케이크바닥
통밀쿠키 140g
(다이제스티브 혹은 그라함쿠키)
무염버터 60g

치즈케이크반죽
크림치즈 310g
달걀 105g
옥수수전분 15g
백설탕 100g
생크림 150g
사워크림 90g
레몬즙 40g

레몬커드
무염버터 15g
달걀 50g
백설탕 50g
레몬즙 60g
레몬제스트 1g

레몬크림
생크림 150g
레몬커드 40g
백설탕 15g

토핑
레몬제스트 약간
레몬슬라이스
타임(허브) 약간
남은 레몬커드

Check List

◦ 치즈케이크바닥→치즈케이크반죽→레몬커드→레몬크림 순서로 작업합니다.
◦ 치즈케이크바닥은 232쪽을 참고해 만들어 준비합니다.
◦ 크림치즈는 사용하기 1시간 전 미리 꺼내 둡니다.
◦ 옥수수전분은 미리 체 쳐 준비합니다.
◦ 치즈케이크반죽용 달걀은 실온에 꺼내 두어 찬기 없이 사용합니다.
◦ 치즈케이크반죽용과 레몬크림용 생크림은 차가운 상태로 준비합니다.
◦ 사워크림은 차갑게 사용합니다.
◦ 레몬즙과 레몬제스트는 시판 제품을 사용하거나 미리 만들어 준비합니다.
◦ 틀에 종이포일 혹은 테프론시트를 부착합니다.
◦ 오븐은 반죽을 굽기 15분 전 160℃로 예열합니다.
◦ 짤주머니와 모양깍지를 준비합니다.

치즈케이크반죽

1 232쪽을 참고해 만든 치즈케이크바닥을 준비한다.

2 볼에 크림치즈, 설탕을 넣고 단단한 주걱이나 핸드믹서로 풀어준다.

3 달걀을 넣고 섞는다.

4 사워크림을 넣고 섞은 후 생크림과 레몬즙을 넣고 마저 섞는다.

5 체 친 옥수수전분을 넣고 섞는다.

6 반죽을 체에 한 번 거른 후 준비한 틀에 담고 160℃로 예열한 오븐에서 40분
간 굽는다.

7 구운 치즈케이크는 실온에서 식힌 후 랩핑하여 최소 6시간 이상 냉장 보관
한다.
Tip 하루 전에 미리 만들어 두어도 괜찮습니다.

레몬커드

1 냄비나 소스팬에 달걀, 설탕, 레몬즙을 넣고 손거품기로 섞은 후 중불에서 졸인다.

  Tip 달걀이 부분적으로 익지 않도록 손거품기로 계속 저어주세요.

2 크림처럼 걸쭉해지면 불을 끈다.

3 버터를 넣고 손거품기로 저어가며 냄비의 잔열로 녹인다.

4 완성된 레몬커드는 체에 한 번 거른다. 이후 레몬제스트를 넣고 섞어 완성한다.

  Tip 냉장 보관하여 차게 사용합니다.

  Tip 레몬크림에 사용할 40g을 제외한 나머지 레몬커드는 추후 토핑용으로 사용합니다.

레몬크림

1   볼에 생크림, 설탕을 넣고 핸드믹서 고속으로 휘핑한다.

2   50% 정도 휘핑된 크림에 레몬커드를 넣고 핸드믹서 중속으로 휘핑한다.
     Tip   약간 되직하지만 크림이 흐르는 상태일 때 레몬커드를 넣습니다.

3   크림이 주름지기 시작하고 핸드믹서로 들어올렸을 때 흐르지 않을 정도가 되면 작동을 멈춘다.
     Tip   완성된 크림 중 절반은 모양깍지를 끼운 짤주머니에 담아 장식용으로 사용합니다.

마무리

1   냉장 보관한 치즈케이크 위에 스패츌러로 레몬크림을 얇게 바른다.

2   레몬크림 위에 남은 레몬커드를 올린다.

3   모양깍지로 케이크 가장자리를 장식한다.

4   가운데 부분에 레몬제스트를 뿌리고 취향에 따라 타임과 레몬을 올려 마무리한다.

보관방법 및 주의사항

• 레몬 치즈케이크는 최대 4일까지 냉장 보관 가능합니다.

• 뜨거운 물에 담갔다 물기를 제거한 칼을 사용하면 더욱 깔끔하게 자를 수 있어요.

Apple Crumble
Cheese Cake

애플 크럼블
치즈케이크

카페 운영 당시 정말 인기가 많았던 케이크 중 하나입니다. 30분 만에 완판되어 당황스러웠던 기억이 어렴풋이 나네요. 주변에서 레시피 요청이 많았습니다. 아무리 만들어도 이 맛이 나지 않는다며 클래스를 요청하는 분들도 있었죠. 하지만 레시피를 공개하기까지 고민이 많았습니다. 그 정도로 제가 아끼는 레시피 중 하나이기 때문이에요. 하지만 제 첫 책의 독자들에게만큼은 레시피를 공개하고 싶었어요. 맛있게 구워 사랑하는 사람들과 함께 즐겨보세요. 분명 금세 행복해질 겁니다. 그만큼 달콤하고 사랑스러운 케이크니까요.

Ingredients

원형분리틀(18cm) 1개 분량

치즈케이크바닥
통밀쿠키 140g
(다이제스티브 혹은 그라함쿠키)
무염버터 60g

치즈케이크반죽
크림치즈 270g
달걀 100g
옥수수전분 10g
백설탕 58g
생크림 90g
사워크림 80g

사과조림
(씨와 껍질을 제거한)사과 250g
백설탕 40g
시나몬가루 1g
레몬즙 15g

땅콩크럼블
무염버터 40g
땅콩버터 20g
박력분 90g
황설탕 40g
소금 한 꼬집

Check List

◦ 사과조림→땅콩크럼블→치즈케이크바닥→치즈케이크반죽 순서로 작업합니다.
◦ 치즈케이크바닥은 232쪽을 참고해 미리 만들어 준비합니다.
◦ 크럼블용 버터와 땅콩버터는 실온에 꺼내 두어 찬기 없이 사용합니다.
◦ 크림치즈는 사용하기 1시간 전 미리 꺼내 둡니다. 너무 단단한 상태라면 전자레인지에 20초간 돌려 준비합니다.
◦ 달걀은 실온에 꺼내 두어 찬기 없이 사용합니다.
◦ 옥수수전분은 미리 체 쳐 준비합니다.
◦ 생크림과 사워크림은 차가운 상태로 준비합니다.
◦ 오븐은 반죽을 굽기 15분 전 170℃로 예열합니다.

사과조림

1   씨와 껍질을 제거한 사과는 큐브모양으로 자른다.

2   냄비에 사과, 설탕, 시나몬가루, 레몬즙을 넣고 중불로 졸인다.

3   끓기 시작하면 나무주걱이나 실리콘주걱으로 저어가며 약불에서 졸인다. 물기가 약간 있을 때 불을 끈다.

     Tip   물기가 어느 정도 남아있어야 식었을 때 끈적하지 않아요.

4   완성된 사과조림은 작은 볼에 담아 냉장고에서 차게 식힌다.

땅콩크럼블

1 볼에 버터, 땅콩버터, 황설탕, 소금을 넣고 주걱으로 섞는다.

2 재료가 잘 섞이면 박력분을 넣고 살살 섞는다.
   Tip 크럼블을 만들 땐 가루를 체 치지 않아도 괜찮습니다.
   Tip 한 덩어리로 뭉치듯 섞지 말고 박력분에 버터가 코팅되면 멈춥니다.

3 손으로 뭉쳐 크럼블 모양을 만든다.

4 완성된 크럼블은 사용 직전까지 냉동 보관한다.

치즈케이크반죽 & 마무리

1 232쪽을 참고해 만든 치즈케이크바닥을 준비한다.

2 볼에 크림치즈와 설탕을 넣고 단단한 주걱이나 핸드믹서로 풀어준다.

3 달걀을 넣고 섞는다.

4 생크림과 사워크림을 넣고 섞는다.

5 체 친 옥수수전분을 넣고 섞는다.
   Tip 반죽에 덩어리가 많으면 체에 한 번 걸러 사용합니다.

6 틀에 반죽을 담고 170℃로 예열한 오븐에서 12분간 굽는다.
   Tip 반죽을 담은 직후 사과조림과 크럼블을 올려 구우면 반죽이 가라앉을 수 있으니 겉을 살짝 익힌 후 올려줍니다.

7 오븐에서 구운 반죽을 잠시 꺼낸다.

8 반죽 위에 사과조림→땅콩크럼블을 순서대로 올린 후 다시 오븐에 넣고 35분간 굽는다.

9 실온에서 30분간 식힌 후 랩핑하여 최소 6시간 이상 냉장 보관한다.
   Tip 뜨거운 상태에서 틀을 분리하면 모양이 망가질 수 있습니다. 틀째로 식혀 냉장 보관하세요.

보관방법 및 주의사항

• 치즈케이크는 최소 6시간 이상 냉장 보관한 후 커팅해야 모양이 흐트러지지 않고 맛도 좋습니다.

• 뜨거운 물에 담갔다 물기를 제거한 칼을 사용하면 더욱 깔끔하게 자를 수 있어요.

• 크럼블은 시간이 지날수록 바삭함이 덜해집니다. 최대 3일까지 두고 먹을 수 있지만 비교적 빠른 시일 내에 먹는 것을 추천합니다.

Gateau au Chocolat

갸또 오 쇼콜라

초콜릿의 진한 풍미가 가득한 케이크입니다. 반죽 온도와 머랭 만들기가 중요하지만 과정이 복잡하지 않아 초보 홈베이커들도 쉽게 만들 수 있습니다. 차게 먹을수록 더 맛있고 기호에 따라 코코아파우더를 뿌리거나 생크림을 곁들여 즐겨보세요.

Ingredients

원형높은틀(18cm) 1개 분량

케이크시트
무염버터 105g
흰자 102g
노른자 54g
박력분 42g
코코아파우더 23g
생크림 105g
백설탕A 70g
백설탕B 60g
소금 2g
다크커버춰초콜릿 135g

Check List

◦ 버터는 다크커버춰초콜릿과 함께 계량합니다.
◦ 흰자와 노른자는 실온에 꺼내 두어 찬기 없이 사용합니다.
◦ 박력분과 코코아파우더는 함께 계량해 미리 체 쳐 준비합니다.
◦ 생크림은 따뜻하게 데워 55℃로 준비합니다.
◦ 틀에 종이포일 혹은 데프론시트를 부착하여 준비합니다.
◦ 오븐은 시트를 굽기 15분 전 160℃로 예열합니다.

케이크시트 & 마무리

1 볼에 흰자와 노른자를 각각 담는다.

2 버터+다크커버춰초콜릿은 전자레인지에 녹이거나 중탕하여 40~55℃로 준비한다.

Tip 전자레인지 사용 시 1분 먼저 돌린 후 상태를 확인한 다음 10초씩 끊어 돌립니다. 너무 뜨거우면 초콜릿이 탈 수 있으니 주의합니다.

3 노른자가 담긴 볼에 백설탕B와 소금을 넣고 손거품기로 1분간 섞는다.

4 2를 넣고 섞는다.

5 따뜻하게 데운 생크림을 넣고 섞은 후 잠시 옆에 둔다.

Tip 겨울에는 반죽온도가 금방 낮아지니 따뜻한 물에 볼을 올려두면 좋습니다.

6 흰자가 담긴 볼에 백설탕A를 3회에 나눠 넣으며 핸드믹서 고속으로 휘핑하여 머랭을 만든다.

7 핸드믹서를 들어올렸을 때 쫀쫀한 질감이면 저속으로 바꾼 후 1분간 기공을 정리한다.

Tip 사진처럼 짧은 뿔이 생기면 완성입니다.

8 5에 체 친 박력분과 코코아파우더를 넣고 손거품기로 섞는다.

Tip 가루를 미리 넣으면 반죽이 빠르게 굳으며 뻑뻑해집니다. 머랭을 넣기 직전에 넣어주세요.

9 준비한 머랭을 2회에 나눠 넣으며 주걱으로 살살 섞는다.

10 틀에 반죽을 담고 160℃로 예열한 오븐에서 35분간 굽는다.

Tip 90% 정도만 익히고 냉장고에서 차게 굳히는 케이크입니다.

11 구운 케이크시트는 바닥에 한 번 내리친 후 실온에서 30분간 식힌다.

12 틀째 랩핑하여 최소 6시간 이상 냉장 보관한다.

Tip 하루 이상 보관해도 괜찮습니다.

보관방법 및 주의사항

• 쫀득한 식감을 원한다면 차게, 부드러운 식감을 원한다면 따뜻하게 먹는 걸 추천합니다.
• 최대 5일까지 냉장 보관 가능합니다.

Lemon Cream
Cake

레몬 크림 케이크

입맛이 없는 봄, 여름에 추천하는 케이크입니다. 공정이 까다로운 편이라 아이싱이 서툰 초보 홈베이커에겐 조금 어려울 수 있어요. 하지만 차근차근 따라하면 충분히 근사한 케이크를 만들 수 있답니다. 입에서 살살 녹는 식감을 좋아한다면 꼭 만들어 보세요.

Ingredients

원형1호틀(15cm)1개 분량

케이크시트(제누와즈)
무염버터 20g
달걀 150g
박력분 95g
백설탕 90g
소금 1g
꿀 7g
우유 20g
바닐라익스트랙 3g

레몬커드
무염버터 30g
달걀 50g
노른자 10g
백설탕 50g
레몬즙 60g
레몬제스트 1g

레몬시럽
물 40g
설탕 30g
레몬즙 7g

아이싱크림
크림치즈 70g
생크림 420g
설탕 45g

토핑
레몬슬라이스
레몬제스트 1g

Check List

◦ 케이크시트→레몬커드→레몬시럽→아이싱크림 순서로 작업합니다.
◦ 제누와즈는 212쪽을 참고해 만든 뒤 위아래 거친 부분을 잘라 3장 준비합니다.
◦ 달걀은 실온에 꺼내 두어 찬기 없이 사용합니다.
◦ 레몬은 과일세척제, 베이킹소다, 굵은 소금 등을 활용해 최소 2회 이상 세척한 후 물기를 제거해 준비합니다.
◦ 크림치즈와 생크림은 차가운 상태로 준비합니다.
◦ 오븐은 시트를 굽기 15분 전 160℃로 예열합니다.
◦ 제스터, 스퀴저, 붓을 준비합니다.

레몬커드

1 제스터로 레몬을 긁어 레몬제스트를 만든다.
   Tip 껍질의 노란 부분만 긁어주세요. 흰 부분은 쓰고 떫은 맛이 날 수 있습니다.

2 껍질을 긁어낸 레몬은 반으로 자른 뒤 스퀴저로 짜 레몬즙을 만든다.

3 냄비에 2의 레몬즙, 달걀, 노른자, 설탕을 넣는다.

4 약불에서 손거품기로 저어가며 끓이다 크림이 되직해지면 불을 끄고 버터를 넣는다.

5 버터가 녹으면 체에 한 번 거른다.

6 1의 레몬제스트를 넣고 섞는다. 완성된 레몬커드는 냉장고에서 차게 식힌다.

레몬시럽 & 아이싱크림

1 냄비에 물, 설탕, 레몬즙을 넣고 끓여 레몬시럽을 만든다.

Tip 설탕이 녹으면 바로 불을 끄고 완성된 시럽은 식혀 사용합니다.

2 볼에 크림치즈와 설탕을 넣고 단단한 주걱으로 덩어리를 풀어준다.

3 생크림 1/3 분량을 넣고 핸드믹서를 사용하여 한 번 더 크림치즈를 풀어준다.

4 나머지 생크림을 다 넣고 고속으로 휘핑한다.

Tip 겨울을 제외한 나머지 계절에는 크림이 녹지 않도록 얼음물을 받쳐서 휘핑해 주세요.

5 크림에 주름이 생기기 시작하고 되직해지면 작동을 멈춘다.

6 핸드믹서로 생크림을 들어올렸을 때 크림이 약간 휘면 완성이다.

Tip 완성된 크림 중 소량은 따로 덜어 추후 장식용으로 사용합니다.

마무리

1 붓을 사용하여 케이크시트에 레몬시럽을 골고루 바른다.

2 제누와즈→레몬시럽→아이싱크림→레몬커드 순으로 조립한다. 이 과정을
1회 더 반복한다.

3 마지막 제누와즈를 올리고 레몬시럽을 바른 후 스패츌러로 케이크 윗면과
옆면에 아이싱크림을 바른다.

4 크림을 깔끔하게 정리하고 케이크 윗면에 마지막 레몬커드를 올린다.

5 모양깍지를 끼운 짤주머니에 남은 아이싱크림을 담아 케이크 가장자리를 장
식한다.
Tip 장식용 크림은 사용 전 핸드믹서나 손거품기로 조금 더 단단하게 휘핑해 주세요.

6 레몬슬라이스를 올리고 레몬제스터를 뿌려 완성한다.
Tip 타임이나 로즈마리로 장식해도 좋아요.

보관방법 및 주의사항
• 생크림 케이크는 반드시 냉장 보관하고 2~3일 안에 먹는 것이 좋습니다.
• 제누와즈에 시럽을 바른 케이크류는 하루 숙성 뒤 더욱 촉촉해집니다.

Sweet Pumpkin
Cake

단호박 케이크

2018년, 카페를 막 오픈했을 때 한적한 골목에서 살아남기 위해 만들었던 시그니처 케이크 중 하나가 바로 단호박 케이크였습니다. 요즘은 시중에서 비슷한 디자인의 단호박 케이크를 볼 수 있지만, 그때 당시만 해도 꾸덕하면서 촉촉한 케이크가 그리 많지 않았어요. 단호박의 깊은 풍미와 쫀득한 식감은 자연스레 재주문으로 이어졌고 인기에 힘입어 타 지역에서도 많이들 찾아온 기억이 납니다. 단호박 케이크는 그만큼 제게 고마운 케이크입니다.

Ingredients

원형1호틀(15cm) 1개 분량

케이크시트
찐 단호박 180g
무염버터 95g
박력분 60g
노른자 42g
흰자 84g
백설탕A 48g
백설탕B 32g
소금 2g
우유 16g
연유 16g
바닐라익스트랙 3g

단호박크림
찐 단호박 120g
크림치즈 60g
백설탕 20g
생크림 200g
연유 20g

Check List

◦ 시트용과 크림용 단호박은 함께 쪄 반죽용은 40℃ 정도로 따뜻하게 사용하고, 크림용은 냉장 보관하여 차게 사용합니다.
◦ 버터와 우유는 함께 계량해 따뜻하게 데워 45~55℃ 사이로 준비합니다.
◦ 박력분은 미리 체 쳐 준비합니다.
◦ 노른자와 흰자는 실온에 꺼내 두어 찬기 없이 사용합니다.
◦ 크림용 크림치즈와 생크림, 연유는 차가운 상태로 준비합니다.
◦ 틀에 종이포일 혹은 테프론시트를 부착해 준비합니다.
◦ 오븐은 시트를 굽기 15분 전 165℃로 예열합니다.
◦ 짤주머니와 모양깍지를 준비합니다.

케이크시트

1 찐 단호박은 으깨서 준비한다.
   Tip 마무리 단계에서 장식용으로 사용하기 위해 한 스푼 정도 덜어 둡니다.

2 다른 볼에 노른자, 백설탕B, 소금, 바닐라익스트랙을 넣고 손거품기로 섞는다.

3 2에 1과 버터＋우유, 연유를 넣고 섞은 후 잠시 옆에 둔다.

4 다른 볼에 흰자를 넣고 백설탕A를 3회에 나눠 넣으며 핸드믹서 고속으로 휘
   핑하여 머랭을 만든다.

5 핸드믹서를 들어올렸을 때 쫀쫀한 질감이면 저속으로 바꾼 후 1분간 기공을
   정리한다.
   Tip 사진처럼 짧은 뿔이 생기면 완성입니다.

6 3에 체 친 박력분을 넣고 주걱으로 가볍게 섞는다.
   Tip 머랭을 만들기 전 박력분을 미리 넣으면 반죽이 빠르게 되직해집니다. 이 경우 머
   랭이 쉽게 꺼질 수 있어요. 머랭을 넣기 직전에 넣어주세요.

7 준비한 머랭을 2회에 나눠 넣으며 섞는다.

8 틀에 반죽을 담고 바닥에 두 번 내리쳐 기공을 없앤 뒤 165℃로 예열한 오븐
   에서 35분간 굽는다.
   Tip 컨벡션오븐 기준입니다. 틀 사이즈에 따라 굽는 시간이 다를 수 있습니다.

9 구운 케이크시트는 한 번 더 바닥에 내리친 후 실온에서 30분간 식힌다. 틀
   째 랩핑하여 최소 3시간 이상 냉장 보관한다.
   Tip 머랭으로 많이 부풀어 오른 케이크는 식으면서 가라앉습니다.
   Tip 시트는 하루 전에 만들어 냉장 보관해 두어도 괜찮습니다.

단호박크림

1 볼에 크림치즈, 설탕을 넣고 핸드믹서 중속으로 덩어리를 풀어준다.

2 생크림 1/3 분량과 연유를 넣고 덩어리를 풀어준다.

3 나머지 생크림을 넣고 60% 정도 휘핑한다.
　Tip 핸드믹서로 크림을 들어올렸을 때 흐르는 상태지만 약간 되직한 정도입니다.

4 차게 보관한 찐 단호박을 넣는다.
　Tip 넣기 전에 한 번 으깨줍니다.

5 흐르지 않고 단단한 상태가 되도록 휘핑한다.
　Tip 단호박이 들어간 크림은 일반 생크림을 휘핑했을 때보다 조금 더 단단합니다. 오버휘핑하면 자칫 느끼해질 수 있으니 초보 홈베이커들은 크림이 어느 정도 되직해졌을 때 손거품기로 바꿔 마무리합니다.

마무리

1 틀째 냉장 보관한 케이크를 준비한다.

2 틀에서 분리한 후 스패츌러로 단호박크림을 올려 펴 바른다.

3 케이크 전체에 단호박크림을 골고루 아이싱한다.
   Tip 남은 단호박크림은 모양깍지를 끼운 짤주머니에 담아 준비합니다.

4 L자 스패츌러를 사용해 옆면을 쓸어 올리며 무늬를 만든다.

5 윗면에 자연스러운 물결무늬를 만들고 모양깍지를 이용해 장식한다.

6 으깬 단호박을 올려 마무리한다.

보관방법 및 주의사항

• 물기가 적은 단호박이나 밤호박을 사용하면 더욱 맛있습니다.

• 차게 먹으면 쫀득한 식감을, 섭취 15분 전 실온에 꺼내 두면 부드러운 식감을 즐길 수 있습니다.

• 최대 4일까지 냉장 보관 가능합니다.

Pineapple Coconut
Cake

Level ●●●○

파인애플 코코넛
케이크

파인애플과 코코넛은 잘 어울리는 재료 조합 중 하나예요. 필리핀이나 태국과 같은 더운 나라에선 두 재료가 결합된 상큼한 디저트를 많이 볼 수 있답니다. 부드러운 코코넛 케이크와 상큼달달한 파인애플잼, 바삭바삭한 크럼블을 한입 가득 먹으면 마치 여름을 통째로 삼키는 기분이 듭니다. 공정이 많아 보여도 레시피는 간단해서 실패 확률이 적은 케이크예요.

Ingredients

원형2호틀(18cm) 1개 분량

케이크시트
무염버터 40g
달걀 110g
박력분 115g
베이킹파우더 6g
코코넛가루(분말) 30g
백설탕 85g
소금 1g
식물성오일 40g
바닐라익스트랙 3g

토핑
코코넛가루(분말) 10g

파인애플잼
파인애플 300g
백설탕 30g
레몬즙 12g

아몬드크럼블
무염버터 60g
박력분 80g
아몬드가루 20g
백설탕 35g
소금 한 꼬집

Check List

◦ 파인애플잼→아몬드크럼블→케이크시트 순서로 작업합니다.
◦ 파인애플은 큐브모양으로 잘라 준비합니다.
◦ 크럼블용 버터는 실온에 꺼내 두어 찬기 없이 사용합니다.
◦ 시트용 버터와 식물성오일은 함께 중탕하여 40~50℃ 사이로 준비합니다.
◦ 달걀은 실온에 꺼내 두어 찬기 없이 사용합니다.
◦ 시트용 박력분, 베이킹파우더, 코코넛가루는 함께 계량해 미리 체 쳐 준비합니다.
◦ 틀에 종이포일 혹은 테프론시트를 부착합니다.
◦ 오븐은 시트를 굽기 15분 전 175℃로 예열합니다.

파인애플잼

1 냄비에 큐브모양으로 자른 파인애플과 설탕, 레몬즙을 넣고 중불에서 나무
   주걱이나 실리콘주걱으로 저어가며 끓인다.
   Tip 주걱으로 저어가며 졸여야 타지 않습니다.

2 물기가 없을 정도로 졸인 후 식힌다.
   Tip 파인애플은 수분이 많으니 바짝 졸이세요.

아몬드크럼블

1 볼에 버터, 설탕, 소금을 넣고 주걱으로 섞는다.

2 박력분과 아몬드가루를 넣고 살살 섞는다.
   Tip 크럼블을 만들 땐 가루를 체 치지 않아도 괜찮습니다.

3 손으로 뭉쳐 크럼블 모양을 만든다.
   Tip 완성된 크럼블은 사용 직전까지 냉동 보관합니다.

케이크시트 & 마무리

1 볼에 달걀, 설탕, 소금, 바닐라익스트랙을 넣고 핸드믹서 중속으로 2분간 섞는다.

2 녹인 버터 + 식물성오일을 넣고 30초간 섞는다.

3 체 친 박력분, 베이킹파우더와 코코넛가루를 넣고 주걱으로 살살 섞는다.

4 틀에 반죽을 담은 후 파인애플잼을 올린다.

5 아몬드크럼블→토핑용 코코넛가루 순서로 올린 후 175℃로 예열한 오븐에서 40분간 굽는다.

   Tip 컨벡션오븐 기준입니다. 구움색을 확인하세요.

6 구운 케이크시트는 틀째 실온에서 10분간 식힌 후 틀을 제거해 식힘망에서 충분히 식힌다.

   Tip 분리틀을 사용하는 경우 바로 분리해 식혀도 괜찮습니다.
   Tip 기호에 따라 타임을 올려 장식해도 좋아요.

보관방법 및 주의사항

· 파인애플 코코넛 케이크는 실온 보관과 냉장 보관 둘 다 가능합니다.
· 크럼블은 시간이 지날수록 바삭함이 덜해집니다. 최대 3일까지 두고 먹을 수 있지만 비교적 빠른 시일 내에 먹는 것을 추천합니다.

Black Forest Cake

블랙 포레스트 케이크

체리 포레누아, 체리 생크림 케이크, 키리쉬 케이크 등 다양한 이름으로 불리는 이 케이크는 제가 가장 좋아하는 크림 케이크입니다. 베이킹을 좋아해 평소 이런 저런 케이크를 만들어 먹곤 하지만 제 생일 케이크만은 주로 사 먹는 편인데요. 근 5년째 생일 케이크로 블랙 포레스트 케이크만 구매한답니다. 초코제누와즈와 체리, 키리쉬, 생크림, 초콜릿의 조합이 하나의 큰 선물 같아요.

Ingredients

원형1호틀(15cm) 1개 분량

초코제누와즈
무염버터 20g
흰자 102g
노른자 54g
박력분 70g
코코아파우더 18g
백설탕A 30g
백설탕B 50g
꿀 7g
소금 1g
우유 30g

체리시럽
체리주스(다크체리통조림 물) 50g
백설탕 10g
레몬즙 7g
키리쉬(리큐르) 7g

마스카르포네크림
마스카르포네치즈 60g
백설탕 38g
생크림 340g
키리쉬(리큐르) 5g

토핑
판초콜릿(다크) 100g
샌딩용 체리(다크체리통조림) 20알
토핑용 생체리 8알

Check List

◦ 초코제누와즈는 전날 미리 만들어 준비합니다. 당일 만든 경우 30분간 식힌 후 슬라이스 하여 사용합니다.

◦ 버터와 우유는 함께 계량해 따뜻하게 데워 40~45℃ 사이로 준비합니다.

◦ 흰자와 노른자는 실온에 꺼내 두어 찬기 없이 사용합니다.

◦ 박력분과 코코아파우더는 함께 계량해 미리 체 쳐 준비합니다.

◦ 마스카르포네치즈와 생크림은 차가운 상태로 준비합니다.

◦ 판초콜릿은 사용 전까지 냉동 보관합니다.

◦ 틀에 종이포일 혹은 테프론시트를 부착합니다.

◦ 오븐은 시트를 굽기 15분 전 160℃로 예열합니다.

◦ 붓, 짤주머니, 모양깍지를 준비합니다.

초코제누와즈

1 볼에 노른자와 백설탕A, 꿀, 소금을 넣고 핸드믹서 중속으로 1분간 섞는다.

2 녹인 버터 + 우유를 넣고 1분간 섞는다.

3 노른자 반죽이 묻은 핸드믹서 날은 **빼서** 세척하고 완성된 반죽은 잠시 옆에 둔다.

   Tip 흰자에 노른자가 조금이라도 들어가면 머랭이 만들어지지 않으니 반드시 세척 후 물기를 제거한 다음 사용합니다.

4 다른 볼에 흰자를 넣고 백설탕B를 3회에 나눠 넣으며 핸드믹서 고속으로 휘핑하여 머랭을 만든다.

5 흰자의 부피가 부풀고 핸드믹서로 들어올렸을 때 흘러내리지 않는 정도가 되면 저속으로 바꾼 후 1분간 기공을 정리한다.

   Tip 이 과정에서 큰 기포가 없어지며 촘촘하고 튼튼한 머랭이 완성됩니다.

6 핸드믹서를 들어올렸을 때 사진처럼 작은 뿔이 생기면 작동을 멈춘다.

7 머랭 1/3 분량을 3의 반죽에 넣고 손거품기로 살살 섞는다.

8 체 친 박력분과 코코아파우더를 넣고 주걱으로 살살 섞는다.

9 나머지 머랭을 다 넣은 후 손거품기로 큰 머랭 덩어리를 없앤다. 이후 주걱으로 바꿔 살살 섞는다.

   Tip 코코아파우더가 들어간 제누와즈는 일반 제누와즈보다 머랭이 빨리 꺼집니다. 빠른 속도로 작업하고 너무 많이 섞지 않도록 주의합니다. 덩어리 없이 반죽이 매끈해지면 작업을 멈춥니다.

10 틀에 반죽을 담고 바닥에 두 번 내리친 후 160℃로 예열한 오븐에서 30분간 굽는다.

Tip 높은 곳에서 반죽을 떨어뜨리면 큰 기포를 없앨 수 있어요. 오븐에서 꺼내기 전, 꼬챙이로 가운데 부분을 찔러 반죽이 묻어 나오지 않는지 확인하세요.

11 구운 초코제누와즈는 바닥에 한 번 내리쳐 충격을 준다. 이후 뒤집어서 틀을 제거한 뒤 식힘망에서 5분간 식힌다.

12 다시 정방향으로 돌려 충분히 식힌다.

13 식감이 좋지 않은 윗부분과 아랫부분은 얇게 잘라내고 나머지 시트는 3등분 하여 사용한다.

Tip 만든 다음 날 사용하는 경우 반드시 밀봉하여 실온 보관합니다.

체리시럽

1 다크체리통조림의 체리와 체리주스를 분리한다. 체리는 물기를 제거해 추후 샌딩용으로 쓸 수 있게 따로 담아둔다.

2 내열용기에 체리주스와 설탕, 레몬즙, 키리쉬를 넣는다. 이후 전자레인지에 1분간 돌려 설탕을 녹인 후 식혀서 사용한다.

Tip 냄비에 모든 재료를 넣고 끓여도 괜찮습니다. 끓기 시작하면 바로 불을 꺼주세요.

마스카르포네크림 & 마무리

1 볼에 마스카르포네치즈와 설탕을 넣고 핸드믹서 중속으로 풀어준다.

2 생크림을 1/3 분량만 넣고 섞는다.

3 나머지 생크림과 키리쉬를 넣고 되직해질 정도로 휘핑한다.
Tip 핸드믹서로 크림을 들어올렸을 때 흐르지 않고 약간 단단한 상태입니다.

4 붓을 사용하여 초코제누와즈에 체리시럽을 바른다.

5 초코제누와즈→체리시럽→마스카르포네크림→샌딩용 체리→마스카르포네크림 순서로 진행한다. 이 과정을 1회 더 반복한다.
Tip 생체리를 사용하는 경우 씨를 제거한 뒤 반으로 잘라 올립니다. 통조림체리는 반으로 자르지 않습니다.

6 마지막 제누와즈를 올리고 체리시럽을 바른 후 스패츌러로 케이크 전체를 아이싱한다.
Tip 이때 크림이 조금 남을 거예요. 냉장 보관해 두었다 추후 장식용으로 사용합니다.
Tip 장식용으로 사용하기 전 손거품기로 살짝 휘핑한 뒤 모양깍지를 끼운 짤주머니에 담아 준비합니다.

7 케이크 옆면을 정리한 후 30분간 냉장 혹은 냉동 보관한다.
Tip 초콜릿을 묻히기 때문에 너무 꼼꼼한 아이싱은 필요 없습니다.
Tip 케이크에 초콜릿을 묻히기 전 차게 보관하면 좀 더 안정적으로 작업할 수 있어요.

8 도마 위에 판초콜릿을 올리고 칼로 얇게 자른다.
Tip 칼로 초콜릿을 긁는다는 느낌으로 자르면 결이 더욱 예뻐요. 혹은 초콜릿컬을 구입해 사용해도 좋습니다.

9 손바닥에 초콜릿을 올리고 케이크 옆면과 윗면 가운데에 묻힌다.

10 모양깍지로 케이크 가장자리를 장식한다.

11 토핑용 생체리를 올리고 초콜릿을 좀 더 뿌려 마무리한 후 최소 3시간 이상
냉장 보관한다.

보관방법 및 주의사항
- 생크림 케이크는 반드시 냉장 보관하고 2~3일 안에 먹는 것이 좋습니다.
- 제누와즈에 시럽을 바른 케이크류는 하루 숙성 뒤 더욱 촉촉해집니다.

Part 6

TART
PIE

—

타르트와 파이

Lemon Tart

레몬
타르트

봄과 여름이 되면 레몬 타르트가 한 번씩 생각납니다. 신맛이 강하지 않고 기분 좋게 달달한 타르트예요. 바삭한 타르트지에 부드러운 레몬크림이 잘 어울려 한입 맛보면 금세 행복해집니다. 기분전환이 필요할 때 구워 보세요.

Ingredients

원형타공틀(7cm) 6~8개 분량

타르트지(파트슈크레)
무염버터 63g
달걀 23g
박력분 118g
아몬드가루 18g
슈거파우더 45g
소금 1g
노른자 10g(타르트지에 바르는 용)

토핑
레몬제스트 약간

레몬버터크림
무염버터 100g
백설탕 105g
달걀 90g
노른자 10g
바닐라익스트랙 4g
레몬즙 95g
차가운 물 50g
판젤라틴 4g

Check List

◦ 버터와 달걀은 실온에 꺼내 두어 찬기 없이 사용합니다.
◦ 레몬은 과일세척제, 베이킹소다, 굵은 소금 등을 활용하여 최소 2회 이상 세 척합니다.
◦ 레몬버터크림용 버터는 깍둑썰기하여 실온에 꺼내 둡니다.
◦ 덧가루는 중력분을 사용합니다.
◦ 오븐은 타르트지를 굽기 15분 전 170℃로 예열합니다.
◦ 스크래퍼, 파이커터, 붓, 제스터, 스퀴저, 밀대, 짤주머니를 준비합니다.

타르트지(파트슈크레)

1 볼에 버터, 슈거파우더, 소금을 넣고 핸드믹서 중속으로 섞는다.

2 달걀을 넣고 재료가 서로 섞일 정도로 가볍게 섞는다.

3 박력분과 아몬드가루를 넣고 가볍게 섞는다.
   Tip 타르트지를 만들 땐 가루류를 체 치지 않아도 괜찮습니다.

4 반죽이 뭉치는 정도가 되면 핸드믹서 작동을 멈춘다.

5 한 덩어리로 만든 후 타르트 전용매트 혹은 대리석 바닥 등 작업하기 좋은 곳에 놓는다.

6 프라제작업으로 반죽을 매끈하게 만든다.
   Tip 프라제작업이란 스크래퍼로 반죽을 조금씩 누르고 밀어 펴며 균일하게 섞는 작업을 말합니다.

7 다시 한 덩어리로 뭉친 반죽은 비닐 포장하여 최소 40분 이상 냉장 휴지시킨다.

8 휴지된 반죽을 꺼낸다. 작업대와 반죽 윗면에 덧가루를 뿌리고 밀대를 이용하여 두께 3mm로 밀어 편다.

9 틀로 반죽을 찍어 바닥을 만든다.

10 파이커터로 옆면에 사용할 반죽을 잘라 틀에 붙인다.
Tip 칼을 사용해도 괜찮습니다.

11 칼로 윗면을 깔끔하게 정리한 후 피케작업한다. 이후 15분간 냉장 휴지시킨다.
Tip 피케작업이란 포크를 사용하여 반죽 바닥에 자국을 내는 작업입니다. 굽는 과정에서 바닥이 부풀어 오르는 것을 방지합니다.

12 170℃로 예열한 오븐에서 12분간 굽는다. 이후 틀을 제거하고 타르트지 안쪽에만 노른자를 바른다.
Tip 타르트지를 굽는 중간 노른자를 발라 구우면 노른자가 타르트지에 코팅되면서 더욱 바삭해집니다.

13 5~7분간 더 구운 후 식힘망 위에서 충분히 식힌다.
Tip 틀 사이즈가 달라지면 굽는 시간도 달라집니다. 대개 밑바닥이 잘 익고 골든브라운색이면 완성입니다.

레몬버터크림 & 마무리

1 세척한 레몬은 물기를 제거한 뒤 제스터로 껍질을 긁어 토핑용 레몬제스트를 만든다. 이후 반을 잘라 스퀴저로 짜 레몬즙을 만든다.

   Tip 레몬 껍질의 노란 부분만 긁어내 주세요. 흰 부분은 쓰고 떫은 맛이 날 수 있습니다.
   Tip 토핑용 레몬제스트와 레몬즙은 각각 따로 담아둡니다.

2 작은 볼에 차가운 물과 판젤라틴을 넣고 5분간 불린다.

3 냄비에 1의 레몬즙, 달걀, 노른자, 설탕, 바닐라익스트랙을 넣고 손거품기로 섞는다.

4 약불에서 저어가며 크림처럼 되직해질 때까지 졸인다.

5 되직해지면 불을 끈 후 물기를 제거한 판젤라틴을 넣고 섞는다.

   Tip 냄비의 잔열로 젤라틴을 녹여주세요.

6 완성된 레몬크림은 체에 한 번 거른 뒤 볼에 담아 한 김 식힌다. 이후 깍둑썰기한 버터를 넣고 핸드블랜더로 갈아준다.

   Tip 레몬크림의 온도를 40~45℃ 사이로 낮춘 후 버터를 넣습니다.

7 6을 짤주머니에 옮겨 담는다.

8 초벌한 타르트지에 레몬버터크림을 담고 칼이나 스패츌러로 크림을 깔끔하게 정리한다.

9 토핑용 레몬제스트를 올려 마무리한다.

보관방법 및 주의사항

• 타르트지(파트슈크레)는 밀봉하여 최대 한 달까지 냉동 보관 가능합니다.
• 레몬 타르트는 최대 3일까지 냉장 보관 가능합니다. 시간이 지날수록 바삭함이 줄어드니 최대한 빠른 시일 내에 먹는 것이 좋습니다.

Pistachio Raspberry Tart

Level ●●●●

피스타치오 라즈베리 타르트

고소한 피스타치오와 상큼한 라즈베리의 조합이 매력적인 타르트입니다. 자칫 느끼할 수 있는 피스타치오에 상큼한 라즈베리가 더해져 고급스러운, 서로의 장점이 돋보이는 매력만점 디저트예요. 피스타치오를 직접 갈아 오븐에 구워 사용하면 훨씬 더 고소한 풍미를 느낄 수 있어요.

Ingredients

원형분리틀(지름16.5cm, 높이3cm) 1개 분량

피스타치오타르트지(파트슈크레)
무염버터 57g
달걀 20g
박력분 110g
피스타치오가루 20g
슈거파우더 40g
소금 한 꼬집
노른자 8g(타르트지에 바르는 용)

피스타치오아몬드크림
무염버터 40g
달걀 38g
피스타치오가루 20g
아몬드가루 20g
슈거파우더 40g
골드럼 6g

피스타치오몽떼크림
생크림A 100g
생크림B 70g
화이트커버춰초콜릿 40g
피스타치오페이스트 20g

라즈베리잼
냉동라즈베리 80g
라즈베리퓨레 100g
백설탕 40g
레몬즙 10g
펙틴 1g
(혹은 옥수수전분 4g)

토핑
라즈베리 50g

Check List

◦ 피스타치오몽떼크림→라즈베리잼→피스타치오아몬드크림→피스타치오 타르트지 순서로 작업합니다.
◦ 라즈베리잼은 58쪽을 참고해 미리 만들어 준비하고 만든 양의 40g만 사용합니다.
◦ 생크림A는 차게 준비하고 생크림B는 따뜻하게 데워 80℃로 준비합니다.
◦ 타르트지와 아몬드크림용 버터, 달걀은 실온에 꺼내 두어 찬기 없이 사용합니다.
◦ 토핑용 라즈베리는 세척 후 물기를 제거한 후 사용합니다.
◦ 덧가루는 중력분을 사용합니다.
◦ 오븐은 타르트지를 굽기 15분 전 170℃로 예열합니다.
◦ 핸드블랜더, 스크래퍼, 밀대, 붓, 유산지, 누름돌, 짤주머니, 모양깍지를 준비합니다.

피스타치오몽떼크림

1 따뜻하게 데운 생크림B에 화이트커버춰초콜릿을 넣고 주걱으로 저어가며 녹인다.

Tip 만약 녹지 않은 덩어리가 있다면 전자레인지에 넣고 10초씩 끊어 돌리며 녹여주세요.

2 볼에 1과 생크림A, 피스타치오페이스트를 넣고 핸드블랜더로 유화시킨다.

3 비닐이나 랩으로 감싸 최소 6시간 이상 냉장 보관한다.

Tip 하루 전에 만들어 냉장 보관해두면 편리합니다.

4 냉장 보관한 크림은 핸드믹서 고속으로 되직하게 휘핑한 뒤 사용 전까지 냉장 보관한다.

Tip 크림을 들어올렸을 때 흐르지 않을 정도로 휘핑합니다.

Tip 절반은 모양깍지를 끼운 짤주머니에 담아 추후 장식용 크림으로 사용합니다.

피스타치오아몬드크림

1   볼에 버터, 슈거파우더를 넣고 핸드믹서 중속으로 섞는다.

2   달걀을 4~5회에 나눠 넣으며 고속으로 섞는다.

3   피스타치오가루와 아몬드가루를 넣고 주걱으로 섞는다. 골드럼을 넣고 한 번 더 섞어 마무리한다.
    Tip 사용 전까지 냉장 보관합니다.

피스타치오타르트지 & 마무리

1 볼에 버터, 슈거파우더, 소금을 넣고 핸드믹서 중속으로 섞는다.

2 달걀을 넣고 재료가 서로 잘 섞일 정도로 섞는다.

3 박력분과 피스타치오가루를 넣고 섞는다.
   Tip 타르트지를 만들 땐 가루류를 체 치지 않아도 괜찮습니다.

4 버터에 가루가 코팅되면 핸드믹서 작동을 멈춘다.

5 한 덩어리로 뭉친 반죽은 작업대에 놓고 프라제작업으로 매끈하게 만든다.
   Tip 프라제작업이란 스크래퍼로 반죽을 조금씩 누르고 밀어 펴며 균일하게 섞는 작업을 말합니다.

6 완성된 반죽은 비닐 포장하여 최소 40분 이상 냉장 휴지시킨다.

7 휴지된 반죽 윗면과 작업대에 덧가루를 뿌리고 밀대를 사용해 두께 3mm로 밀어 편 후 틀에 밀착시킨다.

8 칼로 윗면을 깔끔하게 정리한 뒤 피케작업한다.
   Tip 피케작업이란 포크를 사용하여 반죽 바닥에 자국을 내는 작업입니다. 굽는 과정에서 바닥이 부풀어 오르는 것을 방지합니다.

9 반죽 위에 종이포일 혹은 유산지를 깔고 그 위에 누름돌을 얹어 170℃로 예열한 오븐에서 15분간 굽는다.

10 누름돌을 제거한 후 안쪽 면에 노른자를 발라 10분간 더 굽는다.

  Tip 타르트지를 굽는 중간 노른자를 발라 구우면 노른자가 타르트지에 코팅되면서 더욱 바삭해집니다.

  Tip 노른자를 바르는 동안 오븐은 계속 켜둡니다.

11 틀을 제거한 후 타르트지에 피스타치오아몬드크림을 채운다. 이후 160℃로 온도를 낮춰 25분간 구운 뒤 식힘망 위에서 충분히 식힌다.

  Tip 틀 사이즈가 달라지면 굽는 시간도 달라집니다. 대개 밑바닥이 잘 익고 골든브라운색이면 완성입니다.

12 식힌 타르트 위에 L자 스패츌러로 라즈베리잼을 바른다.

13 피스타치오몽떼크림 반은 펴 바르고, 나머지 반은 모양깍지로 장식한다.

14 토핑용 라즈베리를 올려 마무리한다.

보관방법 및 주의사항

- 크림이 올라간 타르트는 최대 2일간 냉장 보관 가능합니다.
- 라즈베리는 쉽게 무르는 과일이니 최대한 빠른 시일 내에 먹는 것이 좋습니다.

Cherry Almond
Tart

체리 아몬드
타르트

타르트 중에서도 클래식한 편에 속하는 담백한 타르트입니다. 실제 외국에서 자주 만들어 먹는 타르트이기도 하죠. 바닐라아이스크림 한 스쿱을 떠서 함께 먹으면 더욱 맛있어요. 체리를 구하기 힘들다면 라즈베리나 블루베리로 대체해도 좋습니다. 크림이 따로 올라가지 않아 포장하기 수월해 선물용으로 추천해요.

Ingredients

원형분리틀(지름20cm, 높이3cm) 1개 분량

타르트지(파트슈크레)
무염버터 70g
달걀 25g
박력분 130g
아몬드가루 20g
슈거파우더 50g
소금 1g
노른자 10g(타르트지에 바르는 용)

아몬드크림
무염버터 70g
달걀 65g
아몬드가루 70g
슈거파우더 70g
소금 1g
골드럼 7g

토핑
생체리 9~10알

Check List

◦ 타르트지와 아몬드크림용 버터와 달걀은 실온에 꺼내 두어 찬기 없이 사용합니다.
◦ 토핑용 생체리는 세척하여 반을 자른 뒤 씨를 제거해 준비합니다.
◦ 덧가루는 중력분을 사용합니다.
◦ 오븐은 타르트지를 굽기 15분 전 170℃로 예열합니다.
◦ 스크래퍼, 밀대, 붓, 유산지, 누름돌을 준비합니다.

타르트지(파트슈크레)

1 볼에 버터, 슈거파우더, 소금을 넣고 핸드믹서 중속으로 섞는다.

2 달걀을 넣고 재료가 잘 섞일 정도로 섞는다.

3 박력분과 아몬드가루를 넣고 가볍게 섞는다.
Tip 타르트지를 만들 땐 가루류를 체 치지 않아도 괜찮습니다.

4 반죽이 뭉치는 정도가 되면 핸드믹서 작동을 멈춘다.

5 손으로 한 덩어리를 만들어 타르트 전용매트 혹은 대리석 바닥 등 작업하기 좋은 곳에 놓는다.

6 프라제작업으로 반죽을 매끈하게 만든다.
Tip 프라제작업이란 스크래퍼로 반죽을 조금씩 누르고 밀어 펴며 균일하게 섞는 작업을 말합니다.

7 반죽을 다시 한 덩어리로 뭉친 후 비닐 포장하여 최소 40분 이상 냉장 휴지시킨다.

8 휴지된 반죽을 꺼낸다. 작업대와 반죽 윗면에 덧가루를 뿌린다.

9 밀대를 사용해 두께 3mm로 밀어 편다.

10 틀에 반죽을 밀착시킨 후 피케작업한다.

    Tip 피케작업이란 포크를 사용하여 반죽 바닥에 자국을 내는 작업입니다. 굽는 과정에서 바닥이 부풀어 오르는 것을 방지합니다.

11 반죽 위에 종이포일 혹은 유산지를 깔고 그 위에 누름돌을 얹어 170℃로 예열한 오븐에서 15분간 굽는다.

12 누름돌을 제거한 후 타르트지 안쪽 면에 노른자를 발라 10분간 더 굽는다.

    Tip 타르트지를 굽는 중간 노른자를 발라 구우면 노른자가 타르트지에 코팅되면서 더욱 바삭해집니다.

13 틀째 5분간 식힌 후 분리해 식힘망에서 충분히 식힌다.

    Tip 타르트지가 식는 동안 아몬드크림을 만듭니다. 오븐은 계속 켜 두세요.

아몬드크림 & 마무리

1 볼에 버터, 슈거파우더, 소금을 넣고 핸드믹서 중속으로 섞는다.

2 달걀을 4~5회에 나눠 넣으며 섞는다.

   Tip 달걀과 버터의 양이 비슷한 경우 쉽게 분리될 수 있습니다. 반드시 실온 상태의 달걀을 사용합니다.

3 아몬드가루와 골드럼을 넣고 가루가 보이지 않을 정도로 섞는다.

4 초벌한 타르트지에 담는다.

5 토핑용 생체리를 올린 후 160℃로 예열한 오븐에서 35분간 굽는다.

   Tip 틀 사이즈가 달라지면 굽는 시간도 달라집니다. 대개 밑바닥이 잘 익고 골든브라운색이면 완성입니다.

6 식힘망에서 충분히 식힌다.

보관방법 및 주의사항

· 체리 아몬드 타르트는 최대 3일까지 실온 혹은 냉장 보관 가능합니다.

· 시간이 지날수록 바삭함이 줄어드니 최대한 빠른 시일 내에 먹는 것이 좋습니다.

Chocolate Cream Cheese Tart

초콜릿 크림치즈 타르트

연말 선물로 추천하는 타르트예요. 겨울이 오면 왠지 꾸덕하고 진한 초코 디저트가 생각나더라고요. 다크커버춰초콜릿과 밀크커버춰초콜릿을 적절히 섞어 사용해 달콤 쌉싸름한 맛이 돋보여요. 어린아이보다 어른들이 더 좋아하는 타르트입니다. 올드패션만의 비법 크림을 올려 맛있게 만들어 보세요.

Ingredients

원형분리틀(지름20cm, 높이3cm) 1개 분량

타르트지(파트슈크레)
무염버터 70g
달걀 25g
박력분 130g
아몬드가루 20g
슈거파우더 50g
소금 1g
노른자 10g(타르트지에 바르는 용)

치즈크림
크림치즈 70g
생크림 200g
백설탕 33g

초콜릿치즈필링
크림치즈 180g
달걀 50g
박력분 10g
코코아파우더 9g
백설탕 40g
생크림 100g
다크커버춰초콜릿 50g
밀크커버춰초콜릿 30g
골드럼 10g(생략 가능)

토핑
다크커버춰초콜릿 약간

Check List

◦ 타르트지→초콜릿치즈필링→치즈크림 순서로 작업합니다.
◦ 타르트지(파트슈크레)는 322쪽을 참고해 미리 만들어 준비합니다.
◦ 치즈필링용 크림치즈와 달걀은 실온에 꺼내 두어 찬기 없이 사용합니다.
◦ 치즈필링용 박력분과 코코아파우더는 함께 계량해 미리 체 쳐 준비합니다.
◦ 치즈크림용 크림치즈와 생크림은 차가운 상태로 준비합니다.
◦ 덧가루는 중력분을 사용합니다.
◦ 오븐은 타르트지를 굽기 15분 전 160℃로 예열합니다.
◦ 스크래퍼, 붓, 밀대, 유산지, 누름돌을 준비합니다.

초콜릿치즈필링

1 내열용기에 다크커버춰초콜릿, 밀크커버춰초콜릿, 생크림을 넣고 전자레인지에 녹인다.

Tip 10초씩 끊어 돌리며 상태를 확인합니다. 한 번에 높은 열을 가하면 초콜릿이 분리되거나 탈 수 있습니다.

2 볼에 크림치즈와 설탕을 넣고 핸드믹서로 부드럽게 풀어준다.

3 달걀과 골드럼을 넣고 섞는다.

Tip 깊은 풍미를 위해 골드럼을 넣습니다.

4 1을 넣고 섞는다.

5 체 친 박력분과 코코아파우더를 넣고 섞는다.

6 주걱으로 옆면을 정리해 필링을 완성한다.

7 초벌한 타르트지에 6을 담고 160℃로 예열한 오븐에서 30~35분간 굽는다.

Tip 틀 사이즈가 달라지면 굽는 시간도 달라집니다. 대개 밑바닥이 잘 익고 골든브라운색이면 완성입니다.

8 실온에서 충분히 식힌다.

치즈크림 & 마무리

1 볼에 크림치즈, 설탕을 넣고 핸드믹서로 풀어준다.

2 생크림 1/3 분량을 넣고 매끈하게 풀어준다.

3 나머지 생크림을 다 넣고 되직해질 정도로 휘핑한다.
Tip 흐르는 농도가 아닌 되직한 농도입니다. 중간중간 확인하며 오버휘핑되지 않도록 주의하세요.

4 식힌 타르트 위에 치즈크림을 올린다.

5 L자 스패츌러를 사용하여 크림을 투박하게 펴 바른다.

6 칼로 다크커버춰초콜릿을 자르거나 긁어 장식한다.
Tip 사진처럼 판초콜릿을 사용하는 경우 칼로 긁어 올립니다. 원형초콜릿의 경우 잘라 올려도 괜찮습니다.

7 완성된 타르트는 최소 1시간 냉장 보관하여 크림을 안정시킨 뒤 자른다.

보관방법 및 주의사항
- 초콜릿 치즈 타르트는 최대 3일까지 냉장 보관 가능합니다.
- 시간이 지날수록 바삭함이 줄어드니 최대한 빠른 시일 내에 먹는 것이 좋습니다.

Apple Pie

애플 파이

10년 넘게 이 레시피로 애플 파이를 구웠습니다. 다른 디저트들은 먹다 보면 살짝 질리기 마련인데 이 파이는 오래도록 저희 가족이 애지중지하는 디저트예요. 그래서인지 주기적으로 만들게 되더라고요. 갓 구웠을 때 가장 맛있고 살짝 뜨거울 때 바닐라아이스크림을 한 스쿱 크게 올려 먹어 보세요. 사르르, 행복이 전해집니다.

Ingredients

원형분리틀(지름20cm, 높이3cm) 1개 분량

파이크러스트
무염버터 190g
중력분 320g
백설탕 43g
소금 3g
차가운 물 50g

사과필링
(씨와 껍질을 제거한) 사과 500g
꿀 10g
레몬즙 18g
황설탕 70g
옥수수전분 8g
시나몬가루 3g
넛맥가루 한 꼬집(생략 가능)

토핑
달걀물(노른자 10g+우유 10g)
(파이지에 바르는 용)
비정제설탕 약간
(터비나도슈거 혹은 케인슈거)

Check List

∘ 사과필링→파이크러스트 순서로 작업합니다.
∘ 사과필링은 하루 전에 만들어 두어도 괜찮습니다.
∘ 파이크러스트용 버터는 깍둑썰기하여 차가운 상태로 준비합니다.
∘ 덧가루는 강력분을 사용합니다.
∘ 오븐은 파이지를 굽기 15분 전 170℃로 예열합니다.
∘ 푸드프로세서, 붓, 밀대, 파이커터를 준비합니다.

사과필링

1   씨와 껍질을 제거한 사과는 깍둑썰기하여 준비한다.

2   냄비에 사과, 꿀, 레몬즙, 황설탕, 시나몬가루, 넛맥가루를 넣고 나무주걱으로 저어가며 중불로 5분간 졸인다.

3   사과만 건져 볼에 담는다.

4   2의 냄비에 옥수수전분을 넣고 약불로 졸인다. 소스처럼 걸쭉해지면 불을 끈다.

5   3에 넣고 함께 버무린다.

6   완성된 사과필링은 냉장 보관한다.
     Tip 온기가 없을 정도로 차게 사용합니다.

파이크러스트 & 마무리

1   푸드프로세서에 버터, 중력분, 설탕, 소금을 넣고 버터가 작은 알갱이가 될 정도로 갈아준다.

2   차가운 물을 넣고 약 10초간 빠르게 돌린다.
     Tip 오래 반죽하면 글루텐이 생겨 파이지가 수축됩니다.

3   반죽을 빠르게 꺼내 동그란 모양으로 뭉친다.

4   뭉친 반죽은 반으로 나눈다. 이후 비닐 포장하여 최소 1시간 이상 냉장 휴지 시킨다.
     Tip 반죽은 하루 전에 만들어 냉장 보관해 두어도 괜찮습니다. 너무 차가울 경우 잠시 실온에 두었다 작업하세요.

5   반죽 한 덩어리를 먼저 꺼낸 후, 작업대와 반죽 윗면에 덧가루를 뿌린다. 밀 대를 사용하여 두께 4mm로 밀어 편다.
     Tip 나머지 한 덩어리는 이후 마무리 과정에서 파이지 덮개를 만들 때 사용합니다.

6   틀에 반죽을 밀착시킨 후 냉장 보관한다.

7 냉장 휴지시킨 나머지 반죽을 꺼내 두께 4mm로 밀어 편다.

8 파이커터나 칼로 두께 약 2cm로 잘라 총 10개의 파이지 덮개를 만든다.

   Tip 버터가 녹지 않게 작업합니다. 녹는 듯한 느낌이 들면 잠시 냉장 보관한 뒤 버터가 굳으면 사용합니다.

9 냉장 보관한 반죽에 차가운 사과필링을 담는다.

10 파이지 덮개를 격자무늬로 올린다.

11 붓을 사용하여 파이지 덮개 윗부분에 달걀물을 얇게 바른다.

12 윗면에 비정제설탕을 뿌린 후 170℃로 예열한 오븐에서 20분간 굽고 155℃로 온도를 낮춰 30분간 더 굽는다.

   Tip 컨벡션오븐 기준입니다. 구움색을 확인하세요.

13 틀째 15분간 식힌 후 틀을 제거하고 식힘망에서 충분히 식힌다.

보관방법 및 주의사항

- 애플 파이는 실온 보관과 냉장 보관 둘 다 가능합니다. 최대 3일까지 보관 가능해요.
- 파이지 특성상 시간이 지날수록 바삭함이 줄어드니 최대한 빠른 시일 내에 먹는 것이 좋습니다.

Maple Pecan Pie

메이플피칸 파이

바삭한 파이지 위에 오독오독 씹히는 피칸이 재밌게 느껴지는 달콤한 파이입니다. 은은하게 올라오는 메이플 향 덕분에 피칸 특유의 단맛과 고소함이 배가 돼요. 따뜻한 커피와 함께 먹어도 좋고 바닐라아이스크림을 곁들여 달달하게 즐겨도 맛있어요. 기호에 따라 호두와 피칸을 반씩 섞어 구워도 좋습니다.

Ingredients

원형파이틀(윗지름23cm, 아랫지름18cm)
1개 분량

파이크러스트
무염버터 100g
중력분 165g
백설탕 20g
소금 2g
차가운 물 30g
노른자 10g(파이지에 바르는 용)

메이플필링
무염버터 30g
달걀 110g
생크림 80g
메이플시럽 100g
물엿 60g
머스코바도(라이트) 60g
소금 1g
시나몬가루 1g
피칸 200g

Check List

∘ 파이크러스트용 버터는 깍둑썰기하여 차가운 상태로 준비합니다.
∘ 메이플필링용 달걀은 실온에 꺼내 두어 찬기 없이 사용합니다.
∘ 메이플필링용 생크림은 따뜻하게 데워 40℃로 준비합니다.
∘ 피칸은 170℃로 예열한 오븐에서 4~5분간 구운 후 식혀 사용합니다.
∘ 덧가루는 강력분을 사용합니다.
∘ 오븐은 파이지를 굽기 15분 전 170℃로 예열합니다.
∘ 푸드프로세서, 밀대, 붓, 유산지, 누름돌을 준비합니다.

파이크러스트

1   푸드프로세서에 버터, 중력분, 설탕, 소금을 넣고 버터가 작은 알갱이가 될 정도로 갈아준다.

2   차가운 물을 넣고 약 10초간 **빠르게 뭉친다.**
     Tip 오래 반죽하면 글루텐이 생겨 파이지가 수축됩니다.

3   반죽을 빠르게 꺼내 동그란 모양으로 뭉친 후 비닐 포장하여 최소 1시간 냉장 휴지시킨다.
     Tip 반죽은 하루 전날 만들어 냉장 보관해도 괜찮습니다. 너무 차가울 경우 잠시 실온에 두었다 작업하세요.

4   휴지된 반죽 윗면과 작업대에 덧가루를 뿌린다.

5   밀대를 사용하여 두께 4mm로 밀어 편다.

6   밀대로 반죽을 들어 올려 틀에 얹는다.

7   가위로 반죽의 가장자리를 여유 있게 자른 후 안쪽으로 살짝 말아 깔끔하게 정리한다.

8   반죽의 가장자리를 물결모양으로 접는다.

9   포크를 사용하여 피케작업한다.

      Tip 피케작업이란 포크를 사용하여 반죽 바닥에 자국을 내는 작업입니다. 굽는 과정에서 바닥이 부풀어 오르는 것을 방지합니다.

10   반죽 위에 종이포일 혹은 유산지를 깔고 그 위에 누름돌을 얹어 170℃로 예열한 오븐에서 15분간 굽는다.

11   누름돌을 제거한 후 안쪽 면에 노른자를 발라 170℃에서 13분간 더 굽는다.

      Tip 틀 사이즈가 달라지면 굽는 시간도 달라집니다. 대개 밑바닥이 잘 익고 골든브라운색이면 완성입니다.

12   틀째 충분히 식힌다.

344

메이플필링

1   냄비에 버터, 메이플시럽, 물엿, 머스코바도, 소금, 시나몬가루를 넣고 중불
    에서 버터가 녹을 정도로 끓인다.
    Tip 손거품기나 실리콘주걱 혹은 나무주걱으로 저어가며 끓입니다.

2   버터가 녹으면 불을 끄고 40~50℃ 사이로 식힌다.

3   따뜻하게 데운 생크림을 넣고 섞는다.

4   달걀을 넣고 섞은 후 볼에 옮겨 담는다.
    Tip 온도가 너무 뜨거우면 달걀이 익어버릴 수 있으니 50℃ 이하에서 달걀을 넣습
    니다.

마무리

1 구운 피칸 중 절반은 칼로 잘라 분태를 만들고 나머지 반은 통으로 사용한다.

2 초벌한 파이지 위에 피칸 분태를 깐다.

3 준비한 메이플필링을 붓는다.

4 나머지 피칸을 올리고 165℃로 예열한 오븐에서 30분간 굽는다.
   Tip 컨벡션오븐 기준입니다. 구움색을 확인하세요.

5 완성된 파이는 틀째 10분간 식힌다. 이후 틀을 제거하고 접시나 식힘망 위에
   서 충분히 식힌다.
   Tip 취향에 따라 파이 위에 데코스노우를 뿌립니다.

보관방법 및 주의사항

• 메이플피칸 파이는 최대 3일까지 실온 보관 가능합니다.

• 파이지 특성상 시간이 지날수록 바삭함이 줄어드니 최대한 빠른 시일 내에 먹는 것이 좋
  습니다.

Sweet Pumpkin Pie

Level ●●●○

단호박 파이

제가 가장 사랑하는 파이입니다. 해외에서 먹었던 펌킨 파이의 황홀한 맛을 잊지 못해 저만의 레시피를 만들었어요. 버터 풍미 가득한 파이지와 고소하고 달달한 단호박필링, 묵직한 크림치즈와 생크림의 조합은 미간이 찌푸려질 정도로 맛있습니다. 가족행사가 있다면 이 파이를 구워 보세요. 분명 모두가 놀랄 거예요.

Ingredients

원형파이틀(윗지름23cm, 아랫지름18cm)
1개 분량

파이크러스트
무염버터 100g
중력분 165g
백설탕 20g
소금 2g
차가운 물 30g
노른자 10g(타르트지에 바르는 용)

단호박필링
찐 단호박 250g
달걀 60g
황설탕 30g
소금 2g
생크림 60g
연유 50g
시나몬가루 1g
넛맥가루 한 꼬집

치즈크림
크림치즈 55g
생크림 210g
설탕 32g

토핑
시나몬가루 약간

Check List

∘ 파이크러스트→단호박필링→치즈크림 순서로 작업합니다.
∘ 파이크러스트는 342쪽을 참고해 미리 만들어 준비합니다.
∘ 단호박은 물기가 적고 퍽퍽한 것을 사용하는 것이 좋습니다.
∘ 달걀은 실온에 꺼내 두어 찬기 없이 사용합니다.
∘ 치즈크림용 크림치즈와 생크림은 차가운 상태로 준비합니다.
∘ 덧가루는 강력분을 사용합니다.
∘ 오븐은 파이지를 굽기 15분 전 170℃로 예열합니다.
∘ 푸드프로세서, 밀대, 붓, 유산지, 누름돌을 준비합니다.

단호박필링

1 볼에 찐 단호박을 넣고 으깬 뒤 50℃ 이하로 식힌다.

2 달걀, 황설탕, 소금을 넣고 손거품기로 섞는다.

3 생크림과 연유를 넣고 섞는다.

4 시나몬가루와 넛맥가루를 넣고 섞는다.

5 초벌한 파이지에 4를 담고 165℃로 예열한 오븐에서 30분간 굽는다.
Tip 컨벡션오븐 기준입니다. 구움색을 확인하세요.

6 틀에서 제거해 치즈크림을 만들 동안 식힘망에서 충분히 식힌다.

치즈크림 & 마무리

1 볼에 크림치즈와 설탕을 넣고 핸드믹서 중속으로 풀어준다.

2 생크림 1/3 분량을 넣고 매끈하게 풀어준다.

3 남은 생크림을 다 넣고 되직해질 정도로 휘핑한다.
Tip 흐르는 농도가 아닌 조금 되직한 정도입니다. 오버휘핑되지 않도록 주의하세요.

4 식힌 파이 윗면에 치즈크림을 투박하게 올린다.

5 스패츌러를 사용해 크림을 펴 바른다.
Tip 깔끔하게 바르기보다는 투박하고 자연스럽게 바르는 게 훨씬 멋스러워요.

6 토핑용 시나몬가루를 뿌려 마무리한다.

보관방법 및 주의사항
- 단호박 파이는 최대 3일까지 냉장 보관 가능합니다.
- 파이지 특성상 시간이 지날수록 바삭함이 줄어드니 최대한 빠른 시일 내에 먹는 것이 좋습니다.